Christoph Vannahme

Integration organischer Laser in Lab-on-Chip Systeme

Integration organischer Laser in Lab-on-Chip Systeme

von
Christoph Vannahme

Dissertation, Karlsruher Institut für Technologie
Fakultät für Maschinenbau
Tag der mündlichen Prüfung: 28. Juni 2011

Diese Arbeit entstand am Institut für Mikrostrukturtechnik und am Lichttechnischen Institut des Karlsruher Instituts für Technologie sowie während
eines halbjährigen Aufenthalts am Department of Micro- and Nanotechnology, DTU Nanotech, an Dänemarks Technischer Universität. Sie war der
Nachwuchsgruppe von Dr. Timo Mappes zugeordnet.

Impressum

Karlsruher Institut für Technologie (KIT)
KIT Scientific Publishing
Straße am Forum 2
D-76131 Karlsruhe
www.ksp.kit.edu

KIT – Universität des Landes Baden-Württemberg und nationales
Forschungszentrum in der Helmholtz-Gemeinschaft

KIT Scientific Publishing 2011
Print on Demand

ISBN 978-3-86644-707-3

Integration organischer Laser in Lab-on-Chip Systeme

Zur Erlangung des akademischen Grades

Doktor der Ingenieurwissenschaften

der Fakultät für Maschinenbau
Karlsruher Institut für Technologie (KIT)

genehmigte

Dissertation

von

M.Sc. Christoph Vannahme

Tag der mündlichen Prüfung: 28. Juni 2011

Hauptreferent: Prof. Dr. Volker Saile
Korreferenten: Prof. Dr. Uli Lemmer
Prof. Dr. Anders Kristensen

Kurzfassung

Lab-on-Chip Systeme versprechen schnelle und kostengünstige Vor-Ort-Analysen. Um mit höchster Empfindlichkeit zu analysieren, wird vielfach die optische Sensorik als aussichtsreichste Detektionsmethode angesehen. Insbesondere müssen solche Systeme kostengünstig sein, denn sie werden als Wegwerfartikel eingesetzt. In dieser Arbeit wird eine Plattform für einwegtaugliche photonische Systeme auf Polymerbasis vorgestellt, in die organische Laser integriert sind. Integriert werden sowohl organische Halbleiterlaser als auch optofluidische Laser, die jeweils auf verteilter Rückkopplung durch eine Gitterstruktur basieren. Zur Herstellung von Chips dieser Plattform wurden verschiedene Prozesse, insbesondere das Heißprägen und das thermische Bonden, ausgewählt, charakterisiert und optimiert. Aufbauend auf der Prozesstechnik zur Integration organischer Laser werden Lab-on-Chip Systeme aus Polymethylmethacrylat mit integrierten organischen Halbleiterlasern, Wellenleitern und Mikrofluidikkanälen realisiert. Durch die Platzierung der Laser in Substrat-Vertiefungen wird einerseits eine Verkapselung derselben und andererseits eine maximale Kopplung ihres Lichtes in Wellenleiter erzielt. Auf solchen Chips wird in Mikrofluidikkanälen mit den integrierten Lasern Fluoreszenz angeregt. Um mit der entwickelten Plattform spezifische Analysen zu ermöglichen, werden Chips mit Wellenleitern und Mikrokanälen mit Hilfe von „Dip-Pen Nanolithography" mit Phospholipiden funktionalisiert. Des Weiteren werden als photonische Transducerelemente zur markerfreien Biosensorik Wellenleitergitterkoppler aus Phospholipiden untersucht.

Abstract

Lab-on-chip systems enable analysis at the point-of-care and in the field. For highly sensitive detection, photonic sensing is often referred to as the most promising method. However, the systems need to be disposable and thus of low cost. The subject of this thesis is the realization of a polymeric platform for photonic systems with integrated organic lasers. The fabrication of the platform is mainly based on thermal nanoimprint and thermal bonding. These processes are analyzed and optimized. Both organic semiconductor lasers and optofluidic dye lasers based on distributed feedback are integrated into the polymer-chips. Based on the technology for laser integration, photonic lab-on-chip microsystems with integrated organic semiconductor lasers, waveguides, and microfluidic channels are realized. The integration of lasers and waveguides is optimized by introducing basins for the lasers in the substrate. This results in enhanced laser light coupling into the waveguides and encapsulation of the lasers respectively. The excitation of the fluorescence of two marker model systems with lasers is demonstrated in microfluidic channels. To enable specific analysis with the platform, chips with integrated waveguides and microfluidic channels are functionalized with phospholipids utilizing dip-pen nanolithography. A phospholipid waveguide grating coupler is investigated as both a marker-free photonic transducer element and a biological functionalization.

Inhaltsverzeichnis

1 Einleitung

Die Photonik, die Mikrosystemtechnik und die Nanotechnologien werden als Schlüsseltechnologien des 21. Jahrhunderts angesehen [1]. Photonische Mikro- und Nanosysteme, die durch die Kombination dieser Technologien ermöglicht werden, werden für einen Vielzahl von Anwendungen genutzt, z. B. in der Beleuchtung oder Sensorik oder in der Kommunikations- und Informationstechnik [2]. Durch die Nutzung dieser Technologien werden insbesondere in den Bereichen Lebenswissenschaften und Medizintechnik in den nächsten Jahren hohe Wachstumsraten erwartet. Hier sind so genannte Lab-on-Chip Systeme[1] von Bedeutung, die die Funktionalität eines Labors auf einem miniaturisierten Chip vereinen. Da sie ein minimales Analytvolumen benötigen, sind sie kostengünstiger und schneller in ihrer Bedienung als herkömmliche Systeme [3]. Außerdem bedeutet die Verwendung einer geringen Analytmenge auch, dass die Gefährdung des Bedieners durch giftige Analyte unwahrscheinlicher ist. Besonderen Mehrwert verspricht man sich durch den Einsatz solcher Systeme zur schnellen Analyse in der Biosensorik, z. B. bei der Diagnose von Krankheiten bei Menschen und Tieren oder in der Umwelttechnik [2]. Aufgrund des demografischen Wandels zu einer immer älteren Gesellschaft in den Industrieländern und der damit einhergehenden Zunahme altersbedingter Krankheiten wird ein hoher Bedarf an medizinischer Diagnostik erwartet, die auch vor Ort und ohne Unterstützung eines Arztes durchgeführt werden kann. In Ländern der Dritten Welt ist häufig eine Analyse nicht möglich, weil sie kostenintensiv ist und die entsprechenden Labore nicht vorhanden sind. Hier könnten Lab-on-Chip Systeme Abhilfe schaffen. Zusätzlich hat der Umweltschutz eine weiterhin zunehmende Bedeutung und es sind immer häufiger Vor-Ort-Analysen von Gasen und Flüssigkeiten hinsichtlich ihrer Kontaminierung mit Fremdstoffen nötig.

Optische Sensorik in Analysesystemen ist empfindlich, ermöglicht schnelle Reaktionszeiten und ist außerdem unempfindlich gegenüber elektromagnetischen Störfeldern.

---

[1] Weitestgehend synonym werden solche Systeme auch als μ-TAS (englisch: *micro total analysis systems*) bezeichnet.

Besonders der Einsatz von Laserlicht ermöglicht höchst empfindliche und auch spezifische Analysen [4, 5]: Zum einen lassen sich Fluoreszenzmarkermoleküle so effizient anregen, dass einzelne Moleküle detektiert werden können [6]. Zum anderen sind mit kohärentem Laserlicht auch markerfreie Analysemethoden möglich [7]. Darunter sei hier verstanden, dass keine Fluoreszenzmarker verwendet werden, sondern stattdessen ein photonisches Transducerelement eingesetzt wird. Dieses wandelt einen biologischen Vorgang in ein optisches Signal um. Auch auf diese Weise lassen sich sogar einzelne Moleküle nachweisen [7, 8].

Um Laserlicht in einem Lab-on-Chip System zu nutzen, wird es bisher meist von externen Quellen kommend in das System eingekoppelt. Dies erfordert allerdings komplexe Anordnungen und die Kompaktheit der Systeme wird folglich beschränkt. Es ist deshalb wünschenswert, Laser direkt zu integrieren. Dies muss kostengünstig geschehen, denn Lab-on-Chip Systeme werden fast immer als Wegwerfartikel ausgelegt, weil eine Reinigung vor einer neuen Analyse aufwendig und damit nicht wirtschaftlich ist. In der Forschung wird häufig das anorganische Polymer Polydimethylsiloxan (PDMS) verwendet, das die schnelle und einfache Realisierung von Prototypen erlaubt, dessen Tauglichkeit für eine industriellen Fertigung aber kritisch gesehen wird [9]. Deshalb werden Polymersubstrate, die bereits technisch genutzt werden, über Replikationsverfahren strukturiert werden können und geringe Anschaffungskosten haben, als gut geeignete Substrate angesehen. Eine großtechnische Fertigung solcher Systeme könnte damit zu den gewünschten kostengünstigen Produkten führen. Organische Farbstofflaser zeichnen sich gegenüber anorganischen Lasern dadurch aus, dass sie aus kostengünstigen Materialien bestehen und im gesamten sichtbaren Spektralbereich abstimmbar sind. Sie sind außerdem auf Polymersubstraten, wie sie im Bereich von Lab-on-Chip Systemen verwendet werden, prinzipiell integrierbar und damit für eine kombinierte Massenproduktion besonders geeignet. Die Integration von Farbstofflasern in miniaturisierte Systeme aus technisch genutzten Polymeren, die per Replikationsverfahren strukturiert werden, ist deshalb Gegenstand dieser Arbeit. Zur Realisierung von Lab-on-Chip Systemen wird die Integration von Wellenleitern und von mikrofluidischen Strukturen betrachtet. Außerdem werden die Integration einer biologischen Funktionalisierung und eines Gitterkopplers untersucht.

Ziel dieser Arbeit ist es, aufbauend auf Vorarbeiten am Institut für Mikrostrukturtechnik (IMT) und am Lichttechnischen Institut (LTI) des Karlsruher Instituts für Technologie (KIT) [10–14] eine Plattform für einwegtaugliche photonische Systeme auf Polymerbasis mit integrierten organischen Lasern zu realisieren. Der Schwerpunkt liegt dabei auf der Integration der Laser. Systeme mit solchen integrierten Lasern können als Freistrahl-Laserlichtquellen dienen, die Farbstofflaser ersetzen und im Gegensatz zu diesen deutlich einfacher zu handhaben und kompakter sind. Zur Realisierung von Lab-on-Chip Systemen werden zusätzlich Wellenleiter und mikrofluidische Strukturen integriert. Als Fertigungsmethode wird Heißprägen in Kunststoff genutzt, denn diese Methode ist auf die Massenproduktion übertragbar. Die Integration von Lasern auf der Basis eines organischen Halbleitermaterials, das niedrige Laserschwellen erlaubt, und die Kopplung ihres Lichts in durch Ultraviolett (UV) Belichtung monolithisch eingebrachte Wellenleiter werden untersucht. Weiterhin werden auch optofluidische Laser integriert, weil mit ihnen hohe Ausgangspulsenergien erzielt werden können. Dies sind Mikrolaser, deren Farbstoff in einer Flüssigkeit gelöst ist. Abschließend wird die Integration von Wechselwirkungszonen, d. h. der Kreuzung von Wellenleiter und Mikrofluidikkanal, am Beispiel von Fluoreszenzanregung und lokaler Funktionalisierung betrachtet.

Diese Arbeit ist wie folgt gegliedert: Zunächst wird in die Grundlagen photonischer Biosensoren, dielektrischer Wellenleiter und organischer Laser, die auf verteilter Rückkopplung basieren, eingeführt. Danach werden die Prozesse zur Herstellung von polymeren Systemen behandelt, in die Laser und auch Wellenleiter und mikrofluidische Strukturen integriert werden. Diese Prozesse sind Heißprägen von Strukturen im Mikro- und Nanometerbereich, Aufdampfen des aktiven Materials für organische Halbleiterlaser, thermisches Bonden und UV Belichtung zur Herstellung von Wellenleitern und Mikrofluidikkanälen. Weiterhin wird die Methode der „Dip-Pen Nanolithography" (DPN) vorgestellt, die zur biologischen Funktionalisierung verwendet wird. Nach der Behandlung der Prozesstechnik wird gezeigt, wie organische Halbleiterlaser und optofluidische Laser integriert und charakterisiert werden. Darauf folgt die Vorstellung der Lab-on-Chip Plattform mit integrierten Lasern, Wellenleitern und Mikrofluidikkanälen. Es wird diskutiert, wie Chips dieser Plattform zur Anregung von Fluoreszenzmarkern genutzt werden. Anschließend werden die Funktionalisierung der Interaktionszonen der Plattform und Wellenleitergitterkoppler aus Phospholipiden auf UV induzierten Wellenleitern vorgestellt. Zum Schluss folgen Zusammenfassung und Ausblick.

2 Grundlagen

In diesem Kapitel werden nach einer allgemein gehaltenen Einführung in photonische Biosensoren Grundlagen zu dielektrischen Wellenleitern und organischen DFB Lasern (verteilte Rückkopplung, englisch: *distributed feedback* (DFB)) diskutiert. Im Abschnitt über Wellenleiter wird nach einem Überblick über den Stand der Technik die Funktionsweise verschiedener Schicht- und Streifenwellenleiter betrachtet. Außerdem werden die Stirnkopplung zwischen zwei Wellenleitern und Wellenleitergitterkoppler beschrieben. Der Abschnitt über organische DFB Laser beginnt mit der Diskussion der Funktionsweise von DFB Lasern. Danach wird ein Überblick über den Stand der Technik gegeben und es werden Farbstoffe vorgestellt, die in dieser Arbeit hauptsächlich als Laserfarbstoffe aber auch als Fluoreszenzmarker genutzt werden.

2.1 Photonische Biosensoren

Ziel dieser Arbeit ist die Realisierung von Lab-on-Chip Systemen als photonische Biosensoren. Im Allgemeinen besteht ein Biosensor aus einem biologischen Element, einem Transducerelement (das einen biologischen Vorgang in ein auswertbares, z. B. elektrisches oder optisches, Signal umwandelt) und einer Signalverarbeitung [5, 15], wie schematisch in Abb. 2.1a dargestellt. Neben photonischen Biosensoren gibt es z. B. auch miniaturisierte elektrische, magnetische und mechanische Biosensoren [7]. Elektrische Sensoren basieren z. B. auf der Messung von Stromstärke, Impedanz, Leitfähigkeit oder Kapazität. Weit verbreitete mechanische Sensoren sind schwingende Freiträger (englisch: *cantilever*), deren Schwingverhalten ausgewertet wird.

Bei photonischen Biosensoren kann das Transducerelement wie in Abb. 2.1b ein Fluoreszenzmarker sein. Alternativ gibt es photonische Transducerelemente, die größtenteils auf der Detektion von Brechungsindexänderungen basieren [4], siehe Abb. 2.1c. Weil hierbei keine Fluoreszenzmarker genutzt werden, nennt man diese markerfrei. Insbesondere Wellenleiterinterferometer [16], Oberflächenplasmonenresonanz [17] und akti-

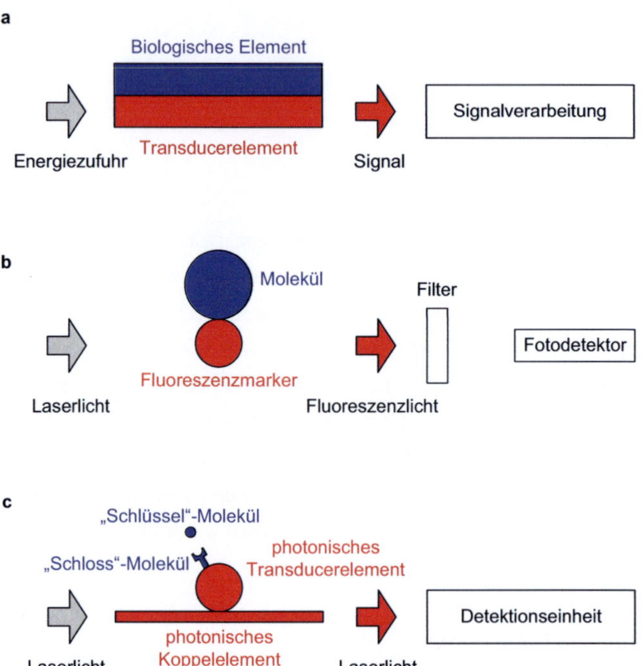

Abb. 2.1: a) Schematische Darstellung der fundamentalen Elemente eines Biosensors. b) Analoge Darstellung einer Fluoreszenzanregung zum Nachweis von Molekülen. c) Schematische Darstellung der Nutzung eines photonischen Transducerelementes zum markerfreien Nachweis von Molekülen als Biosensor.

ve und passive photonische Resonatoren [18] (z. B. Ringwellenleiter-Resonatoren [19], Flüstergallerie-Resonatoren [8, 20], photonische Kristall-Kavitäten [21, 22] oder DFB Laser [23–25]) werden in diesem Zusammenhang erforscht [4]. Weiterhin können auch Wellenleitergitterkoppler als Transducerelemente dienen [26]. Auch Glasfaser-basierte Sensoren werden häufig verwendet [27]. Daneben gibt es noch weitere Sensoren, die auf Absorptions- bzw. Transmissions- oder Reflexionsänderungen basieren, außerdem wird nicht nur die Fluoreszenz sondern auch Bio- und Chemilumineszenz genutzt [15].

Die Nutzung von Laserlicht ist für die Anregung von Fluoreszenz von Vorteil, wenn das Licht auf das spektrale Maximum der Markerabsorption abgestimmt und so auch der Überlapp mit der Markeremission minimiert wird. Dies resultiert in einer signifikanten Verbesserung des Signal-zu-Rausch-Verhältnisses gegenüber der Anregung mit breitbandigen Lichtquellen. Für photonische Resonatoren ist Laserlicht aufgrund seiner Kohärenz und Linienbreite vorteilhaft und häufig auch notwendig.

Damit Biosensoren eine spezifische Analyse ermöglichen, werden sie funktionalisiert. Dies bedeutet, dass auf das Transducerelement Moleküle aufgebracht werden, an die nach dem Schlüssel-Schloss-Prinzip nur die gesuchten Moleküle ankoppeln können. Als Modellsystem wird häufig die Kombination aus Biotin und Streptavidin verwendet, da deren Bindung vergleichsweise stark ist und beide Moleküle sich mit vielen anderen Molekülen chemisch verbinden lassen.

2.2 Dielektrische Wellenleiter

Ein dielektrischer Wellenleiter hat einen Kern, dessen Brechungsindex größer ist als der seiner Umgebung. Längs des Wellenleiters verläuft Lichtausbreitung durch wiederholte Totalreflexion unter Ausbildung so genannter Wellenleitermoden. Glasfasern, die insbesondere in der optischen Kommunikationstechnik eingesetzt werden, können als Spezialfall der Wellenleiter gesehen werden. Im Folgenden sollen allerdings als Wellenleiter solche verstanden werden, die in ein Substrat integriert sind. Dies können sowohl Schicht- als auch Streifenwellenleiter sein, die in dieser Arbeit auch beide eingesetzt werden.

Wellenleiter sind eine fundamentale Komponente in der integrierten Optik bzw. der Photonik und können auf unterschiedlichste Weise hergestellt werden [28, 29]. Sie werden für eine Vielzahl verschiedenster Bereiche genutzt; insbesondere in integriert optischen Schaltkreisen für die Nachrichtentechnik [30], aber auch für die Quantenoptik oder in der Sensorik. Mit Wellenleitern können z. B. Ring- und Fabry-Pérot-Resonatoren als passive und aktive (Laser-) Resonatoren oder auch Elemente der nichtlinearen Optik realisiert werden. Die Kombination von Wellenleitern mit periodischen Strukturen bzw. photonischen Kristallen [31] ermöglicht das geführte Licht z. B. ein- und auszukoppeln oder seine Gruppengeschwindigkeit zu beeinflussen.

Es können viele verschiedene Materialkombination zur Wellenleitung eingesetzt werden. Weit verbreitet sind z. B. Wellenleiter basierend auf dem künstlichen Kristall Lithiumniobat, in das Wellenleiterkerne meist durch Titan-Diffusion eingebracht werden. Außerdem werden Galliumarsenid- oder Indiumphosphid-basierte Systeme genutzt. Silizium-basierte Systeme werden mittlerweile verstärkt untersucht, weil sie besonders in der Prozessierung mit der Siliziumelektronik kompatibel sind. Für sichtbares Licht sind glasbasierte Systeme interessant. Aber auch Polymerwellenleiter werden häufig genutzt; vor allem weil sie eine hohe optische Transparenz aufweisen und trotzdem kostengünstig herzustellen sind.

Im Folgenden wird für Wellenleiterstrukturen, wie sie in dieser Arbeit verwendet werden, ihre Funktionsweise und die Berechnung der Feldverteilung der geführten optischen Moden diskutiert.

2.2.1 Funktionsprinzip

Die mathematische Beschreibung dielektrischer Wellenleiter findet sich ausführlich z. B. in [28–30, 32]. Im Folgenden wird ein kurzer Überblick gegeben, der sich an [33] orientiert.

Die Grundstrukturen eines dielektrischen Schichtwellenleiters und eines Streifenwellenleiters, die jeweils ein stufenförmiges Brechungsindexprofil haben, sind schematisch in Abb. 2.2 dargestellt. Die Strukturen bestehen jeweils aus einem Wellenleiterkern mit Brechungsindex n_f, einem Substrat (n_s) und einer Deckschicht (n_c). Es gelte $n_f > n_s \geq n_c$. Die Medien seien quellenfrei und nicht magnetisch. Die Ausbreitungsrichtung des Lichts liege in z-Richtung; das Brechungsindexprofil sei längs dieser Achse konstant und somit nur von den Koordinaten x und y abhängig.

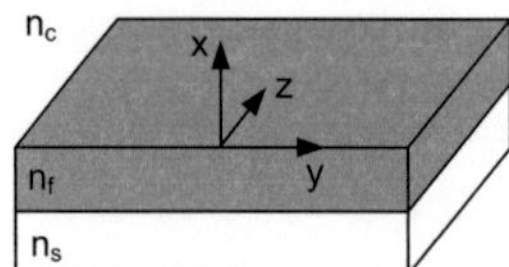

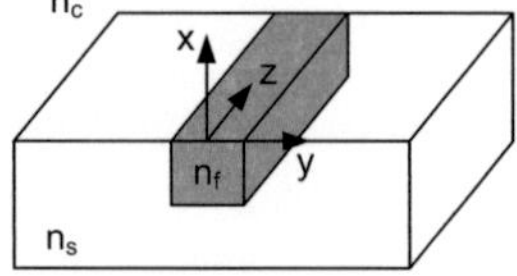

Abb. 2.2: Schematische Darstellung eines Schichtwellenleiters (links) und eines Streifenwellenleiters (rechts).

Die orts- und zeitabhängigen elektrischen Felder $\vec{E}(\vec{r},t)$ und magnetischen Felder $\vec{H}(\vec{r},t)$, die sich in diesen Strukturen ausbreiten können, folgen aus der Lösung der Maxwell-Gleichungen unter den durch Material und Struktur gegebenen Randbedingungen. Die Lösungen werden Moden genannt. Im Allgemeinen ergibt sich eine diskrete Anzahl geführter Moden sowie ein kontinuierliches Spektrum von Substratmoden und strahlenden Moden. Für Schichtwellenleiter und zeitharmonische Felder erhält man aus den Maxwell-Gleichungen zwei Lösungstypen: transversal elektrische (TE) und transversal magnetische (TM) Moden. Bei TE Moden sind nur die Felder E_y, H_x und H_z von null verschieden; bei TM Moden sind dies H_y, E_x und E_z. Bei diesen Moden verschwindet also jeweils die Longitudinalkomponente des elektrischen Feldes E_z bzw. des magnetischen Feldes H_z. Für Streifenwellenleiter sind die Lösungen nicht exakt transversal elektrischer bzw. transversal magnetischer Natur. Es existieren jedoch ebenfalls zwei Lösungstypen mit verschwindend geringen Longitudinalkomponenten. Diese nennt man quasi transversal elektrische (QTE) und quasi transversal magnetische (QTM) Moden. Im Folgenden werden nur (Q)TE Moden betrachtet. Die Diskussion für (Q)TM Moden verläuft analog.

Das elektrische Feld einer optischen Mode mit der Kreisfrequenz $\omega = 2\pi v$ und der Ausbreitungskonstante in z-Richtung β, die sich im Wellenleiter ausbreitet, lässt sich darstellen als

$$\vec{E}(\vec{r},t) = \frac{1}{2}C\vec{E}(x,y)\exp\left[i(\omega t - \beta z)\right] + c.c.. \tag{2.1}$$

C sei eine Normierungskonstante. Die im Folgenden angegebenen Felder $\vec{E}(x,y)$ sind nicht immer normiert. Aus den Maxwell-Gleichungen und den Randbedingungen des Wellenleiters folgt mit (2.1) für die Brechungsindexverteilung $n(x,y)$ unmittelbar die zeitunabhängige Wellengleichung

$$\left[\frac{\partial^2}{\partial x^2} + \frac{\partial^2}{\partial y^2} + \left(\frac{\omega^2}{c^2}n^2(x,y) - \beta^2\right)\right]\vec{E}(x,y) = 0. \tag{2.2}$$

c sei die Lichtgeschwindigkeit im Vakuum. Die Wellengleichung und die Forderung nach Stetigkeit der Tangentialkomponenten der elektrischen und magnetischen Felder liefern die Moden und deren Ausbreitungskonstanten. Die magnetischen Felder der TE Mode eines Wellenleiters lassen sich aus dem elektrischen Feld mit Hilfe der Maxwell-

Gleichungen berechnen, siehe z. B. [30]. Da das elektrische Feld die Eigenschaften des Lichts bestimmt, die in dieser Arbeit relevant sind, werden im Folgenden die magnetischen Felder nicht angegeben. Die effektiven Indizes der geführten Moden

$$n_{eff} = \beta \frac{c}{\omega} = \beta \frac{\lambda}{2\pi} \tag{2.3}$$

liegen zwischen dem Maximalwert des Brechungsindexprofils und dem Substratindex $n_s < n_{eff} < n_f$. Hier ist λ die Vakuum-Wellenlänge. Findet sich für eine Polarisation nur eine geführte Mode und keine weitere Lösung, so werden Wellenleiter als monomodig bezeichnet. Diese Moden, die keine Nullstellen des elektrischen Feldes haben, bezeichnet man als Fundamentalmoden.

2.2.2 Schichtwellenleiter mit stufenförmigem Brechungsindexprofil

Für das Brechungsindexprofil $n(x)$ eines asymmetrischen ($n_s \neq n_c$) stufenförmigen Schichtwellenleiters, siehe Abb. 2.2 (links), mit der Schichtdicke des Films d gelte

$$n(x) = \begin{cases} n_c & \text{für } 0 < x < \infty \\ n_f & \text{für } -d \leq x \leq 0 \\ n_s & \text{für } -\infty < x < -d \end{cases} \tag{2.4}$$

Die elektrischen Felder E_y der TE Moden, die die Wellengleichung (2.2) mit $\frac{\partial}{\partial y}\vec{E} = 0$ für asymmetrische Schichtwellenleiter erfüllen, haben nach [30] die Form

$$E_y(x) = \begin{cases} \exp(-p_c x) & \text{für } 0 < x < \infty \\ \cos p_f x - \frac{p_c}{p_f}\sin p_f x & \text{für } -d \leq x \leq 0 \\ \left(\cos p_f d + \frac{p_c}{p_f}\sin p_f d\right)\exp[p_s(x+d)] & \text{für } -\infty < x < -d \end{cases} \tag{2.5}$$

mit

$$p_{s,c} = \sqrt{\beta^2 - n_{s,c}{}^2 \frac{\omega^2}{c^2}} \tag{2.6}$$

und

$$p_f = \sqrt{n_f{}^2 \frac{\omega^2}{c^2} - \beta^2} \, . \tag{2.7}$$

Aus den Stetigkeitsbedingungen an den Grenzflächen folgt die Gleichung

$$\tan p_f d = \frac{p_c + p_s}{p_f \left(1 - p_c p_s / p_f^2\right)} \, , \tag{2.8}$$

aus deren Lösung die Ausbreitungskonstanten β der Moden folgen. Die Lösung dieser Gleichung kann nicht analytisch aber grafisch oder numerisch erfolgen.

Die Lösungen für einen symmetrischen Schichtwellenleiter erhält man durch Einsetzen von $n_c = n_s$ in obige Gleichungen. Für viele Anwendungen ist es notwendig zu wissen, wie viele Moden in einem Wellenleiter geführt werden. Aus (2.5) ist ersichtlich, dass eine Mode nicht mehr geführt wird, wenn das elektrische Feld in Substrat und Deckschicht nicht exponentiell abfällt. Im Falle eines symmetrischen Wellenleiters entspricht der Übergang dazu der Bedingung

$$p_s = p_c = 0 \, . \tag{2.9}$$

Daraus folgt mit (2.6) wiederum

$$\beta = n_s \frac{\omega}{c} \, . \tag{2.10}$$

Einsetzen dieser Bedingung in (2.7) ergibt

$$p_f = \frac{\omega}{c} \sqrt{n_f{}^2 - n_s{}^2} \, . \tag{2.11}$$

Des Weiteren folgt aus (2.8)

$$\tan p_f d_c = 0 \tag{2.12}$$

mit der Grenzdicke d_c. Um diese Gleichung zu erfüllen, muss

$$p_f d_c = m\pi \tag{2.13}$$

gelten. Dabei sei $m = 0, 1, 2, \ldots$ die Ordnung der Moden. Durch Kombination von (2.13) mit (2.11) folgt die so genannte *Cutoff*-Bedingung

$$d_c = \frac{m\lambda}{2\sqrt{n_f^2 - n_s^2}} \, , \tag{2.14}$$

die oft auch in Form einer Frequenz an Stelle einer Dicke angegeben wird. Aus dieser Gleichung ist zu erkennen, dass in einem symmetrischen Schichtwellenleiter immer eine Fundamentalmode ($m = 0$) existiert, denn deren Grenzdicke ist 0. In asymmetrischen Wellenleitern und in Streifenwellenleitern gibt es im Allgemeinen auch für die Fundamentalmode eine *Cutoff*-Bedingung [28].

2.2.3 Schichtwellenleiter mit exponentiellem Brechungsindexprofil

Für einen Schichtwellenleiter mit exponentiell abfallendem Brechungsindexprofil gilt

$$n(x) = \begin{cases} n_c & \text{für } x > 0 \\ n_s + \Delta n \cdot \exp(x/d_e) & \text{für } x \leq 0 \end{cases} . \tag{2.15}$$

Dabei ist d_e die Eindringtiefe und Δn die Brechungsindexänderung an der Substratoberfläche. Für $\Delta n \ll n_s$ kann das entsprechende Profil der Permittivität $\varepsilon = n^2$ zu

$$\varepsilon(x) = \begin{cases} \varepsilon_c & \text{für } x > 0 \\ \varepsilon_s + \Delta\varepsilon \cdot \exp(x/d_e) & \text{für } x \leq 0 \end{cases} \tag{2.16}$$

mit $\varepsilon_s = n_s^2$, $\varepsilon_c = n_c^2$ und $\Delta\varepsilon = 2n_s\Delta n$ genähert werden. Mit Hilfe dieser Näherung können analytische Lösungen der Wellengleichung gefunden werden. Elektrische Felder E_y von TE Moden, die die Wellengleichung (2.2) für (2.16) erfüllen, haben nach [34] die Form

$$E_y(x) = \begin{cases} J_{2dp_s}(\xi)\exp(-p_c x) & \text{für } x > 0 \\ J_{2dp_s}[\xi \cdot \exp(x/2d_e)] & \text{für } x \leq 0 \end{cases} \tag{2.17}$$

mit den Besselfunktionen J_{2dp_s}, $\xi = 4\pi\Delta n\, d_e/\lambda$ und

$$p_{s,c} = \sqrt{\beta^2 - n_{s,c}^2\frac{\omega^2}{c^2}} . \tag{2.18}$$

Die Ausbreitungskonstanten β der Moden folgen hier aus der Lösung der Gleichung

$$\frac{J_{2dp_s-1}(\xi) - J_{2dp_s+1}(\xi)}{J_{2dp_s}(\xi)} = -\frac{p_c\lambda}{\pi\Delta n} . \tag{2.19}$$

Bedingungen zum möglichen Wertebereich der Ausbreitungskonstanten und die Berechnung von TM Moden werden in [34] diskutiert.

2.2.4 Streifenwellenleiter

Streifenwellenleiter ermöglichen nicht nur eine Führung von Licht in einer Dimension sondern in zwei Dimensionen, da auch in der zweiten Raumrichtung eine Führung durch Totalreflexion aufgrund einer Brechungsindexänderung auftritt, wie sie in Abb. 2.2 auf der rechten Seite für die y-Richtung zu erkennen ist. Die Lösungen für die QTE und QTM Moden sind im Allgemeinen nicht analytisch zu finden. Man ist deshalb auf Näherungslösungen oder numerische Verfahren angewiesen. Eine Näherungslösung für geführte Moden stufenförmiger Streifenwellenleiter ist möglich, wenn man annimmt, dass die Feldstärke außerhalb des Wellenleiterkerns stark abnimmt [28, 32, 35]. Diese Annahme ist allerdings nur deutlich oberhalb der *Cutoff*-Bedingung begründet. Für diese Lösung wird im Wellenleiterkern ein Produkt zweier eindimensionaler Feldverläufe in x- und y-Richtung angenommen, die der jeweiligen Lösung für Schichtwellenleiter entsprechen.

Alternativ sind numerische Verfahren zur Lösung der Wellengleichung etabliert [36]. In dieser Arbeit wird die so genannte *Beam Propagation Method* (BPM) verwendet, um die Feldverteilung in Streifenwellenleitern zu finden. Im Folgenden wird das Prinzip dieser Methode wie in [37] kurz vorgestellt, um die erforderlichen Näherungen herauszustellen. Zunächst wird bei dieser Methode angenommen, dass das elektrische Feld skalar ist und in der Form $E(x,y,z,t) = U(x,y,z)\exp(-i\omega t)$ geschrieben werden kann. Damit folgt dann die Wellengleichung

$$\left[\frac{\partial^2}{\partial x^2} + \frac{\partial^2}{\partial y^2} + \frac{\partial^2}{\partial z^2} + k^2(x,y,z)\right] U(x,y) = 0 \qquad (2.20)$$

mit der Ausbreitungskonstante $k(x,y,z) = \frac{\omega}{c}n(x,y,z)$. Die Geometrie der Struktur wird also durch das Brechungsindexprofil $n(x,y,z)$ bestimmt. Außerdem wird angenommen, dass die Ausbreitungsrichtung des Feldes vornehmlich die z-Richtung ist. Die schnellste Variation von U ist die Änderung der Phase aufgrund der Ausbreitung entlang der z-

Achse. Es wird nun ein Produktansatz, der so genannte *slowly varying field* Ansatz, in der Form

$$U(x,y,z) = u(x,y,z)\exp\left(ik'z\right) \tag{2.21}$$

gemacht, in dem k' die mittlere Phasenvariation des elektrischen Feldes entlang der z-Richtung beschreibt. Durch Einsetzen dieses Ansatzes in (2.20) erhält man die Gleichung

$$\left[\frac{\partial^2}{\partial x^2} + \frac{\partial^2}{\partial y^2} + \frac{\partial^2}{\partial z^2} + 2ik'\frac{\partial}{\partial z} + k^2 - k'^2\right]u = 0 \, , \tag{2.22}$$

in der also die schnelle Variation in z-Richtung durch den Produktansatz eliminiert ist. Nimmt man nun weiterhin an, dass die Variation von u entlang der z-Achse ausreichend schwach ist, so dass

$$\frac{\partial^2 u}{\partial z^2} \ll 2ik'\frac{\partial u}{\partial z} \tag{2.23}$$

gilt, dann kann der dritte Term in (2.22) vernachlässigt werden und man erhält

$$\frac{\partial u}{\partial z} = \left(i/2k'\right)\left[\frac{\partial^2}{\partial x^2} + \frac{\partial^2}{\partial y^2} + k^2 - k'^2\right]u \, . \tag{2.24}$$

Durch Vorgabe eines Feldes $u(x,y,z=0)$ und einer Brechungsindexverteilung $n(x,y,z)$ kann mit dieser Gleichung die Änderung des Feldes in z-Richtung berechnet werden. Sie wird als BPM Gleichung bezeichnet und z. B. mit der Software *BeamPROP* numerisch gelöst. In dieser Software wird eine finite Differenz-Methode, die so genannte Crank-Nicholson-Methode genutzt [36, 37]. Dabei wird die Ebene transversal zur z-Richtung diskretisiert. Das Feld wird dann in kleinen Schritten Δz berechnet. Vorteil dieser Methode gegenüber anderen numerischen Verfahren ist, dass eine Vielzahl von Geometrien und Effekten simuliert werden kann und gleichzeitig der Rechenaufwand verhältnismäßig gering bleibt. Allerdings können aufgrund der Näherungen nur paraxiale Strukturen mit geringem Brechungsindexkontrast simuliert werden.

Zur Berechnung der Feldverteilung in Streifenwellenleitern wird in der Software das Brechungsindexprofil implementiert und ein Anfangsfeld (z. B. mit einem Gauß-förmigen Profil) gewählt. Um höhere Moden zu finden, muss das Anfangsfeld etwas versetzt zum Zentrum der Struktur gewählt werden. Die Software berechnet dann die Ausbreitung des elektrischen Feldes entlang der z-Richtung. Da Substrat- und Strahlungsmoden abgestrahlt werden, erhält man nach einer ausreichend langen Propagationslänge das elektrische Feld geführter Moden.

2.2.5 Stirnkopplung zwischen Wellenleitern

Um Licht, das in einem Wellenleiter 1 geführt wird, in einen Wellenleiter 2 einzukoppeln, kann man die Wellenleiter parallel zueinander ausrichten und ihre Stirnflächen in Kontakt bringen. Dies nennt man Stirnkopplung. Der Fall zweier Schichtwellenleiter mit den elektrischen Feldern E_{y1} und E_{y2} und Ausbreitungskonstanten β_1 und β_2 der TE Fundamentalmoden beider Wellenleiter ist schematisch in Abb. 2.3 dargestellt. Unter der Annahme, dass die beiden Wellenleitermoden nicht sehr stark verschieden sind, ergibt sich nach [38, 39] aus den Stetigkeitsbedingungen an die Felder der Anteil der geführten Leistung der Mode E_{y1} in Wellenleiter 1, der in Leistung der Fundamentalmode E_{y2} in Wellenleiter 2 übergeht, zur Koppeleffizienz

$$\eta = \left[\frac{4\beta_1\beta_2}{(\beta_1+\beta_2)^2} \right] \frac{\left[\int\limits_{-\infty}^{\infty} E_{y1}(x) E_{y2}^*(x)\,\mathrm{d}x \right]^2}{\int\limits_{-\infty}^{\infty} E_{y1}(x) E_{y1}^*(x)\,\mathrm{d}x \int\limits_{-\infty}^{\infty} E_{y2}(x) E_{y2}^*(x)\,\mathrm{d}x}. \tag{2.25}$$

Der übrige Anteil der Leistung aus Wellenleiter 1 wird reflektiert oder koppelt an höhere Moden oder an Substrat- bzw. Strahlungsmoden in Wellenleiter 2. Im Falle von Streifenwellenleitern kann (2.25) entsprechend um die y-Richtung erweitert werden.

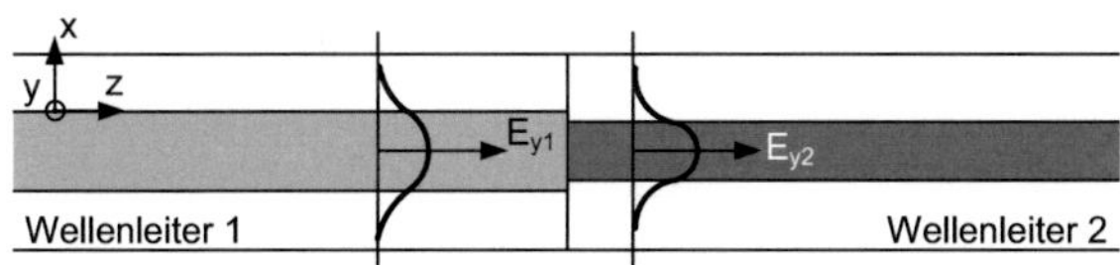

Abb. 2.3: Schematische Darstellung der Stirnkopplung zwischen zwei Wellenleitern.

2.2.6 Wellenleitergitterkoppler

Wellenleitergitterkoppler werden genutzt, um Licht in Wellenleiter ein- oder auszukoppeln [28, 40]. Sie bestehen aus einem Wellenleiter in Kombination mit einer Gitterstruktur, die durch eine Störung mit der Periode Λ die Kopplung an Strahlungsmoden erlaubt. Wellenleitergitterkoppler können zur Sensorik verwendet werden, denn der Anteil der aus- oder eingekoppelten Leistung hängt von Struktur und Brechungsindex n_g des Gitters ab [26, 41, 42].

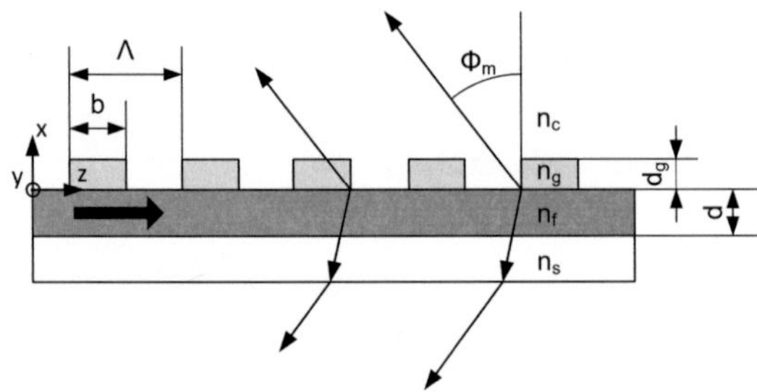

Abb. 2.4: Schematische Darstellung eines Wellenleitergitterkopplers.

Abb. 2.4 zeigt die Auskopplung der geführten Mode mit $\beta_m = \frac{2\pi}{\lambda} n_{\mathit{eff},\,m}$ für einen Schichtwellenleiter, auf dem sich rechteckförmige Gitterlinien befinden. Für die erste Beugungsordnung gilt, dass Licht der m-ten Mode unter dem Winkel Φ_m abgestrahlt wird, wenn

$$n_c \sin \Phi_m = n_{\mathit{eff},\,m} - \frac{\lambda}{\Lambda} \tag{2.26}$$

erfüllt ist. Die ausgekoppelte Leistung I lässt sich aus der in der Mode geführten Ausgangsleistung I_0 mit der Länge des Gitters L zu

$$I = I_0 \left[1 - \exp\left(-\alpha L \right) \right] \tag{2.27}$$

berechnen. Für rechteckförmige Gitterlinien mit kleinen Gitterhöhen d_g gilt

$$\alpha \approx \frac{2\left(n_f^2 - n_{eff}^2\right)\left(n_g^2 - n_c^2\right)^2 \Lambda'}{n_{eff}\left(n_f^2 - n_a^2\right) d\lambda^3} d_g^2 \cdot \sin^2\left(\pi\frac{b}{\Lambda}\right) \tag{2.28}$$

mit

$$\Lambda' = \frac{\lambda}{\sqrt{\frac{1}{2}\left(n_g^2 + n_c^2\right) - \left(n_{eff} - \frac{\lambda}{\Lambda}\right)^2}}\,, \tag{2.29}$$

wobei eine kleine Änderung von Λ' durch die Gitterhöhe vernachlässigt wird [40]. Aus (2.28) ist ersichtlich, dass insbesondere eine Änderung der Gitterhöhe d_g, aber auch eine veränderte Gitterbreite b zu einer Änderung der ausgekoppelten Leistung führt. Dies ist prinzipiell auf ähnliche Gitterprofile übertragbar. Genau dieser Effekt kann für die Sensorik genutzt werden.

2.3 Organische DFB Laser

Die Abkürzung Laser steht für Lichtverstärkung durch stimulierte Emission von Strahlung (englisch: *Light Amplification by Stimulated Emission of Radiation*). Im Allgemeinen besteht ein Laser aus einem aktiven Material, in dem durch Zuführung von Energie (Pumpen) Besetzungsinversion erzielt wird. Durch stimulierte Emission kommt es zu optischer Verstärkung und ein Resonator sorgt für Rückkopplung. Das erzeugte Laserlicht ist monochromatisch, kohärent und gerichtet. Das Auftreten von Laserlicht kann anhand einer spektralen Schwelle (die Halbwertsbreite der Emission nimmt deutlich ab) und einer Schwelle in der Ausgangsleistung des Lasers (die Steigung der Kennlinie nimmt zu) festgemacht werden [43]. Weiterführende Beschreibungen zu Lasern finden sich in einer Vielzahl von Quellen, z. B. in [29, 30, 44, 45]. In dieser Arbeit werden Laser genutzt, die auf organischen Farbstoffen als aktive Materialien und auf verteilter Rückkopplung (DFB) basieren.

Im Folgenden wird die Funktionsweise von DFB Lasern erklärt und auf einfache Methoden zur Berechnung der Emissionswellenlänge und der Rückkopplung eingegangen. Darauf folgt ein Überblick über verschiedene organische DFB Laser und die Vorstellung relevanter Farbstoffe.

2.3.1 DFB Laser Grundlagen

DFB Laser bestehen aus einer Wellenleiterschicht, die mit einer periodischen Gitterstruktur versehen ist. Dies ist in Abb. 2.5 schematisch gezeichnet, wobei der aktive
Wellenleiterkern jeweils rot dargestellt ist. Rückkopplung entsteht aufgrund von Refle-

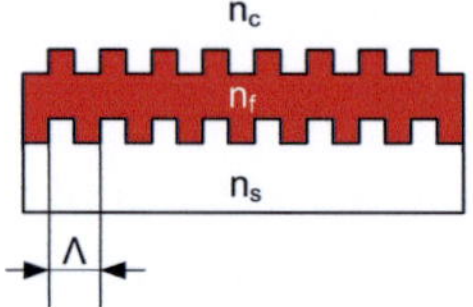
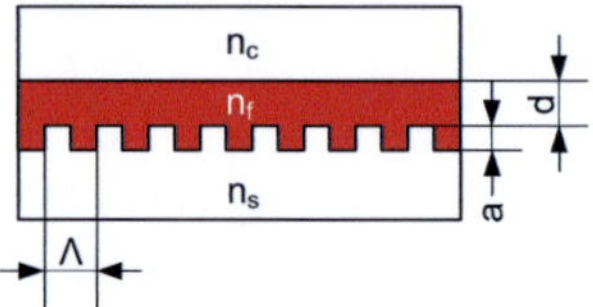

Abb. 2.5: Schematische Darstellung der DFB Laser Strukturen dieser Arbeit für organische
Halbleiterlaser (links) und optofluidische Laser (rechts). Die aktiven Wellenleiterkerne
sind rot.

xionen an den Grenzflächen der Gitterlinien. Anorganische DFB Laserdioden basierend
auf Halbleitermaterialien sind besonders in der Kommunikationstechnik weit verbreitet
[45]. Sie werden meistens elektrisch gepumpt. Im Falle organischer Laser wird Besetzungsinversion durch optisches Pumpen eines Farbstoffes, wie er von Flüssigkeitsfarb-
stofflasern her bekannt ist [46], mit einem Pumplaser kürzerer Wellenlänge erreicht. Die
Periode des Gitters Λ bestimmt die Wellenlänge λ, für die sich konstruktive Interferenz
ausbilden und damit Laserlicht entstehen kann. Die Wellenlänge des Laserlichtes lässt
sich auf den ersten Blick aus der Bragg-Bedingung folgern, die der Bedingung konstruk-
tiver Interferenz entspricht. Es können Resonatoren unterschiedlicher Bragg-Ordnungen
l genutzt werden, so dass für die Bragg-Wellenlänge

$$\lambda_{Bragg} = \frac{2n_{eff}\Lambda}{l}, \quad l = 1, 2, \ldots \tag{2.30}$$

gilt. Für diese Arbeit sind Laser erster ($l = 1$) und zweiter ($l = 2$) Ordnung relevant. Bei
Lasern erster Ordnung tritt Licht an den Stirnflächen des Wellenleiters aus. Dagegen tritt
bei Lasern zweiter Ordnung auch Emission senkrecht zur Wellenleiterschicht auf, denn
dies entspricht dann der ersten Bragg-Ordnung, siehe Abb. 2.6. Aufgrund von (2.30)

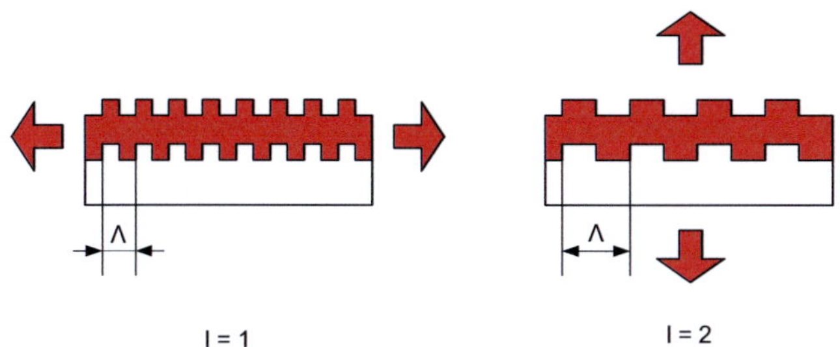

Abb. 2.6: Schematische Darstellung der Hauptemissionsrichtung von DFB Lasern erster (links) und zweiter Ordnung (rechts).

kann relativ einfach monochromatische Strahlung erzeugt werden. Dies ist ein Vorteil von DFB Lasern gegenüber Lasern mit einfachen Fabry-Pérot- oder Ring-Resonatoren.

Die Rückkopplung in DFB Laserwellenleitern kann mit Hilfe der Theorie gekoppelter Moden beschrieben werden [28, 30, 47]. Voraussetzung dazu ist, dass die Gitterstruktur als schwache Störung der Wellenleitermoden behandelt werden kann. Im Folgenden wird zum besseren Verständnis der Oszillationsbedingung die Anwendung dieser Methode auf einen symmetrischen Laser-Schichtwellenleiter mit einem Gitter erster Ordnung betrachtet [30]. Für sehr kleine Störungen des symmetrischen Schichtwellenleiters durch das rechteckige Gitter der Tiefe a mit Gitterperiode Λ wie in Abb. 2.5 (rechts) ergibt sich eine gekoppelte Differenzialgleichung für die Amplituden A und B der rückwärts und vorwärts laufenden Fundamentalmoden des symmetrischen Wellenleiters in der Form

$$\frac{dA}{dz} = \kappa \exp\left(-i2\Delta\beta z\right) - \gamma A$$
$$\frac{dB}{dz} = \kappa \exp\left(i2\Delta\beta z\right) + \gamma B \tag{2.31}$$

mit dem Verstärkungskoeffizienten γ,

$$\Delta\beta = \beta - \frac{\pi}{\Lambda} = \beta - \beta_0 \tag{2.32}$$

und der reellen Koppelkonstante der vorwärts und rückwärts laufenden Moden

$$\kappa \approx \frac{2\pi^2}{3l\lambda}\frac{\left(n_f^2 - n_s^2\right)}{n_f}\left[1 + \frac{3\left(\lambda/a\right)}{2\pi\sqrt{n_f^2 - n_s^2}} + \frac{3\left(\lambda/a\right)^2}{4\pi^2\left(n_f^2 - n_s^2\right)}\right]\left(\frac{a}{d}\right)^3 . \tag{2.33}$$

Die Koppelkonstante κ kann mit dieser Methode auch für andere Gitterprofile bestimmt werden [48].[1] Als Lösung der Differenzialgleichung (2.31) ergeben sich damit für eine Gitterlänge L die Amplituden der einfallenden Felder E_i und reflektierten Felder E_r [30] zu

$$E_i(z) = B(0) \frac{\exp(-i\beta_0 z)\{(\gamma - i\Delta\beta)\sinh[S(L-z)] - S\cosh[S(L-z)]\}}{(\gamma - i\Delta\beta)\sinh(SL) - S\cosh(SL)} \qquad (2.34)$$

und

$$E_r(z) = B(0) \frac{\kappa\exp(i\beta_0 z)\sinh[S(L-z)]}{(\gamma - i\Delta\beta)\sinh(SL) - S\cosh(SL)} \qquad (2.35)$$

mit

$$S^2 = \kappa^2 + (\gamma - i\Delta\beta)^2 . \qquad (2.36)$$

Aus diesen Gleichungen folgt die Oszillationsbedingung

$$(\gamma - i\Delta\beta)\sinh(SL) = S\cosh(SL) , \qquad (2.37)$$

bei deren Erfüllung sowohl die Reflexion $\frac{E_r(0)}{E_i(0)}$ als auch die Transmission $\frac{E_i(L)}{E_i(0)}$ unendlich groß sind. Eine genauere Betrachtung dieser Bedingung [30] unter der Annahme, dass $\gamma \gg \Delta\beta$, κ gilt, führt zur Bedingung

$$\Delta\beta_{m_l} L \approx -\left(m_l + \frac{1}{2}\right)\pi, \quad m_l = 0, \pm 1, \pm 2, \dots . \qquad (2.38)$$

Mit der Näherung $\Delta\beta \approx (\omega - \omega_{Bragg})\frac{n_{eff}}{c}$ ergibt sich daraus

$$\omega_{m_l} = \omega_{Bragg} - \left(m_l + \frac{1}{2}\right)\frac{\pi c}{n_{eff}L}. \qquad (2.39)$$

Dies zeigt, dass in einem Gitter wie in Abb. 2.5 auf der rechten Seite der Laser nicht exakt bei der Bragg-Wellenlänge λ_{Bragg} nach (2.30) emittieren kann [30]. Für den Schwell-

---

[1] Sind genauere Berechnungen nötig oder ist die Störung durch das Gitter nicht klein, weil Gitterhöhe und/oder Brechungsindexkontrast hoch sind, so können die Eigenschaften von DFB Lasern mit numerischen Methoden berechnet werden [45].

Verstärkungskoeffizienten γ, folgt aus der Oszillationsbedingung, siehe [30], die Bedingung

$$\frac{\exp\left(2\gamma_{m_l}L\right)}{\gamma_{m_l}^2 + \Delta\beta_{m_l}^2} = \frac{4}{\kappa^2}. \tag{2.40}$$

Daraus folgt, dass Moden mit gleichem $\left|\Delta\beta_{m_l}\right|$ dieselbe Laserschwelle haben. Es gibt deshalb zwei Oszillationswellenlängen etwas ober- und etwas unterhalb der Bragg-Wellenlänge [30] für $m_l = 0, 1$, die dieselbe und niedrigste Laserschwelle haben und für die nach Umformen von (2.39)

$$\lambda_{0,1} = \lambda_{Bragg} \pm \frac{\lambda_{Bragg}^2}{4n_{eff}L} \tag{2.41}$$

gilt. Dies führt in der Praxis zur Wellenlängeninstabilitäten und spektraler Verbreiterung der Laseremission. Zur Vermeidung dieser Aufspaltung kann in der Mitte des DFB Gitters eine Phasenverschiebung eingeführt werden, die der halben Gitterperiode $\Lambda/2$ entspricht [49]. Damit ist dann Laseraktivität bei der Bragg-Wellenlänge erlaubt und man erhält nur eine Wellenlänge pro Polarisation [28, 30, 50].

Um die Funktion dieser Phasenverschiebung zu verstehen, betrachte man zunächst die Reflexion an einer Schicht der Länge L, die sich aus (2.34) und (2.35) zu

$$r = \frac{E_r(0)}{E_i(0)} = \frac{\kappa \sinh(SL)}{(\gamma - i\Delta\beta)\sinh(SL) - S\cosh(SL)} \tag{2.42}$$

ergibt. Daraus folgen dann die Reflexionskoeffizienten eines DFB Gitters ohne Phasenverschiebung vom Zentrum aus gesehen, wie sie in Abb. 2.7a dargestellt sind, zu

$$r_{1,2} = \mp\frac{\kappa \sinh(SL_{1,2})}{(\gamma - i\Delta\beta)\sinh(SL_{1,2}) - S\cosh(SL_{1,2})}. \tag{2.43}$$

Diese haben unterschiedliche Vorzeichen, da das Gitter eine ungerade Symmetrie hat. Die Oszillationsbedingung eines Lasers lautet aber

$$r_1 r_2 = 1 \tag{2.44}$$

und besagt, dass das Licht wieder dieselbe Phase und Amplitude wie zuvor haben muss, nachdem es die gesamte Resonatorlänge durchquert hat. Diese Bedingung kann offensichtlich mit den Koeffizienten aus (2.43) nicht erfüllt werden, da sie unterschiedliche

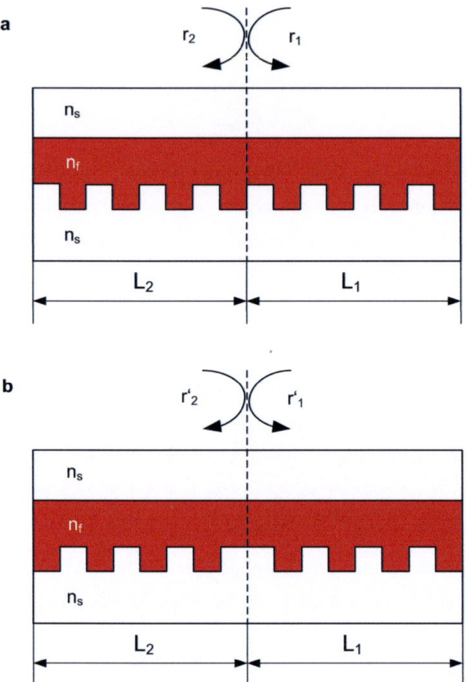

Abb. 2.7: Schematische Darstellung der Reflexionskoeffizienten für DFB Laser erster Ordnung a) ohne Phasenverschiebung und b) mit Phasenverschiebung um $\Lambda/2$ im Zentrum der Gitterstruktur.

Vorzeichen haben und sich zwangsläufig eine negative Zahl ergibt. Die Einführung einer Phasenverschiebung um $\Lambda/2$, wie es in Abb. 2.7b dargestellt ist, hat zur Folge, dass die Koeffizienten $r_{1,2}$ jeweils mit dem Faktor $\exp\left[-i(\pi/2)\right]$ zu

$$r'_{1,2} = r_{1,2}\exp\left[-i(\pi/2)\right] \tag{2.45}$$

multipliziert werden müssen. Das Produkt $r'_1 r'_2$ ist nun eine positive Zahl und die Oszillationsbedingung kann somit für λ_{Bragg} erfüllt werden.

Das Gitter eines DFB Lasers kann auch als so genannter photonischer Kristall [31] beschrieben werden. Da das Konzept der DFB Laser schon vor der Einführung der photonischen Kristalle existierte, unterscheiden sich die Begrifflichkeiten je nachdem welchen Bildes man sich bedient, obwohl oft dasselbe gemeint ist. Die Phasenverschiebung in einem DFB Gitter kann z. B. auch als Defekt innerhalb eines photonischen Stoppbandes beschrieben werden. Durch mehrdimensionale photonische Kristallstrukturen als Laserresonator können z. B. die Abstrahlcharakteristik [11, 51] oder die Laserschwelle [52] beeinflusst werden.

2.3.2 Überblick über organische DFB Laser

Im Folgenden wird ein kurzer Überblick zu organischen DFB Lasern gegeben. Dazu werden sie hier in die drei Klassen der organischen Halbleiterlaser, der optofluidischen Farbstofflaser und der Festkörper-Farbstofflaser eingeteilt.

Organische Halbleiterlaser [53], die auf verteilter Rückkopplung basieren, sind abstimmbare Laserlichtquellen für den gesamten sichtbaren Spektralbereich [11, 12, 54]. Als aktives Material werden feste organische Halbleitermaterialien verwendet, wie sie in der organischen Optoelektronik häufig für organische Leuchtdioden (englisch: *organic light emitting diode* (OLED)) eingesetzt werden. Als Substratmaterialien werden vor allem oxidiertes Silizium, aber auch das anorganische Polymer PDMS oder organische Polymere genutzt. Organische Halbleiterlaser werden üblicherweise mit gepulsten UV Lasern mit Pulslängen im Nanosekundenbereich gepumpt. Niedrigschwellige organische Halbleiterlaser können mit sehr kompakten Laserdioden [55–58] oder sogar mit einer Leuchtdiode (englisch: *light emitting diode* (LED)) [59] gepumpt werden. Die Realisierung elektrisch gepumpter organischer Halbleiterlaser ist Gegenstand vieler Untersuchungen [53, 60–65], konnte aber bisher nicht gezeigt werden. Das Abstimmen ihrer Wellenlänge kann durch verschiedene aktive Materialien in Kombination mit der Änderung der DFB Gitterperiode [54, 66] geschehen. Außerdem ist es möglich durch Variation der Dicke der aktiven Schicht [67] oder mechanisches Strecken [68–70] die Wellenlänge zu ändern. Optisch gepumpte organische Halbleiterlaser haben genügend hohe Ausgangsleistungen zur Untersuchung spektraler Eigenschaften optischer Komponenten [71–73]. Als mögliche Anwendungsgebiete dieser neuartigen kompakten Laser werden häufig die Spektroskopie und die Integration in optische Systeme für die biologische oder medizinische Analysen (Lab-on-Chip) oder die Kommunikationstechnologie genannt.

Seit ihrer ersten Realisierung [74] erscheinen optofluidische DFB Farbstofflaser [75, 76] ebenfalls für dieselben Anwendungen relevant [77–81]. Sie bestehen aus einer Flüssigkeit, in der ein Farbstoff gelöst ist und die sich in einem mikrofluidischen Kanal befindet. Dieser Kanal ist so strukturiert, dass er einen DFB Resonator für das erzeugte Licht ausbildet. Als Flüssigkeit und Farbstoff werden üblicherweise Kombinationen verwendet, die von herkömmlichen Farbstofflasern [46, 82] bekannt sind. Optofluidische Laser werden meist mit frequenzverdoppelten Nd:YAG Lasern bei einer Wellenlänge von 532 *nm* gepumpt und emittieren gelbes oder rotes Licht. Als Substratmaterialien werden z. B. oxidiertes Silizium in Kombination mit SU8 Fotolack [83, 84] oder PDMS [85, 86] verwendet. Wie bei organischen Halbleiterlasern sind DFB Gitter erster Ordnung von Vorteil, denn hier treten keine intrinsischen Streuverluste auf und es gibt eine minimale Anzahl an Resonanzfrequenzen. Deshalb können hier die niedrigsten Schwellen erwartet werden [85]. Laser dritter Ordnung wurden mit SU8 auf oxidiertem Silizium demonstriert [83]. In PDMS wurden Laser dritter, zweiter und erster Ordnung verglichen [85]. Hier hat sich gezeigt, dass aufgrund der Grenzen der PDMS-Abformung die niedrigsten Schwellen nicht für Laser erster sondern für Laser zweiter Ordnung erreicht werden. Optofluidische Laser können spektral abgestimmt werden, indem man die Gitterperiode oder den Brechungsindex der Flüssigkeit variiert [84, 87]; außerdem durch mechanische Verformung [88] oder durch eine integrierte Luftkavität, die durch eine pneumatische Pumpe bewegt wird [89]. Auch die Nutzung von Flüssigkristallen, die über ein elektrisches Feld ausgelenkt werden, ist eine Möglichkeit zur Abstimmung, da die Flüssigkristalle abhängig von ihrer Ausrichtung verschieden Brechungsindizes aufweisen [90].

Eine weitere Klasse organischer Laser sind Festkörper-Farbstofflaser, die auf Polymeren basieren, in die Farbstoffe eingebettet sind. Das Polymer hat hier wie die Flüssigkeit in optofluidischen Lasern die Funktion einer Matrix für die Farbstoffmoleküle. Solche organischen Feststofflaser können durch Heißprägen [91] oder durch UV Nanoimprint-Lithografie [23, 50, 52, 92] hergestellt werden. Beides ist für eine kostengünstige Herstellung besonders vorteilhaft. Solche Laser konnten in jüngerer Vergangenheit zur integrierten Ankopplung an Wellenleiter [93] aber insbesondere auch als Biosensoren eingesetzt werden, indem man die Verschiebung ihrer Emissionswellenlänge als Antwort auf einen Ankoppelvorgang von Molekülen [23, 25] oder Zellen [24] nutzte.

2.3.3 Farbstoffe

Organische Laserfarbstoffe werden seit den späten 1960er Jahren vor allem im Kontext organischer Flüssigkeits-Farbstofflaser untersucht [46]. Solche Farbstoffe weisen eine hohe Verstärkung auf und ermöglichen eine weite Abstimmbarkeit im sichtbaren Spektralbereich. Mit Flüssigkeits-Farbstofflasern können sehr kurze Laserpulse bis hinunter in den fs-Bereich erzeugt werden, durch sehr schnellen ständigen Austausch der Farbstoffmoleküle in Flüssigkeit ist aber auch Dauerstrichbetrieb (englisch: *continous wave*) möglich. Unter Farbstoffen versteht man in diesem Zusammenhang Moleküle, die konjugierte π-Doppelbindungen beinhalten. Dies sind Doppelbindungen zwischen Kohlenstoffatomen, die durch eine Einzelbindung getrennt sind. In der Molekülstruktur typischer organischer Laserfarbstoffe gibt es lange Ketten konjugierter π-Bindungen zwischen Kohlenstoffatomen. Man kann annehmen, dass sich Bindungselektronen innerhalb dieser Ketten frei bewegen können. Dann lassen sich die elektronischen Zustände in einem vereinfachten quantenmechanischen Freie-Elektronen-Modell finden, indem man das Potenzial für die Elektronen durch einen Potenzialtopf mit der Länge der Kette nähert. Auf diese Weise erhält man die Eigenzustände. Die niedrigsten vier Zustände sind die Singulettzustände S_0 und S_1, sowie die Triplettzustände T_1 und T_2. Diese Zustände sind in eine Vielzahl von Rotations- und Vibrationszuständen aufgespalten, die in Abb. 2.8 gezeigt sind. Durch Absorption von Licht kann ein Molekül aus dem Grundzustand S_0 in den Zustand S_1 angeregt werden. Durch strahlungsfreie und strahlende Übergänge wird die Energie wieder abgegeben. Zunächst relaxieren die Moleküle strahlungsfrei in den Grundzustand von S_1. Die strahlenden Übergänge von S_1 nach S_0 (Fluoreszenz) haben eine Zeitkonstante im Nanosekundenbereich [82]. Innerhalb des S_0 Niveaus tritt erneut strahlungsfreie Relaxation auf. Farbstoffmoleküle können deshalb näherungsweise als Vier-Niveau-Lasersysteme betrachtet werden, wie in Abb. 2.8 dargestellt. Trotz des unterschiedlichen Spins kommen in diesen Molekülen aufgrund von Spin-Bahn-Kopplung Übergänge aus dem angeregten Singulettzustand in den Triplettzustand T_1 vor. Ein Molekül im Triplettzustand trägt nicht zur Laseremission bei und hat eine vergleichsweise lange Lebensdauer von $> 1\,\mu s$, weil der Übergang in den Grundzustand aufgrund des unterschiedlichen Spins unwahrscheinlich ist [82]. Außerdem können solche Moleküle unter anderem die Photonen der Laseremission absorbieren und in einen höheren Triplettzustand übergehen. Dies kann verhindern, dass die Laserschwel-

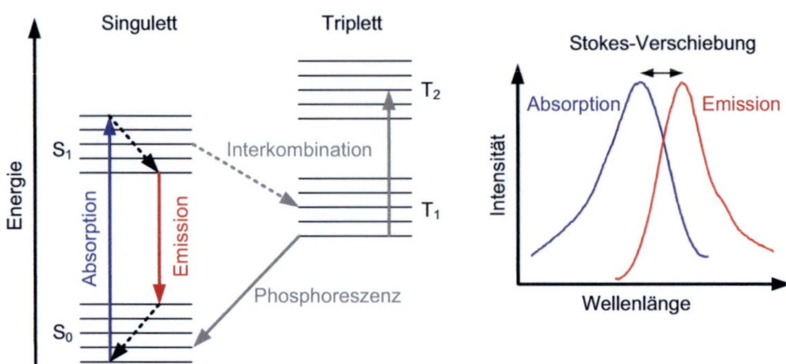

Abb. 2.8: Links: Vereinfachte Darstellung der Energiezustände eines Farbstoffmoleküls. Moleküle werden durch Absorption von Photonen der entsprechenden Energie in den Zustand S_1 angeregt. Die gewonnene Energie wird über strahlungsfreie (gestrichelt) und strahlende Übergänge wieder abgeben bis sich die Moleküle wieder im Grundzustand befinden. Die Energiezustände des Moleküls können als Vier-Niveau-Lasersystem genutzt werden, wie es hier eingezeichnet ist. Rechts: Schema der Wellenlängenabhängigkeit von Absorption und Emission eines Farbstoffmoleküls.

le erreicht wird. Damit es nicht zu einer wachsenden Anzahl von Molekülen in diesen Zuständen kommt, werden Farbstofflaser üblicherweise gepulst betrieben, oder aber die Moleküle werden ständig ausgetauscht, wie es bei Flüssigkeits-Farbstofflasern oft der Fall ist [46, 82]. Die Farbstoffe werden nicht in reiner Form verwendet sondern in einem Wirtsmaterial, z. B. einem Alkohol oder einem Polymer, verteilt, weil sie erstens sehr stark absorbieren und die Pumpstrahlung nur Schichtdicken von wenigen μm des reinen Materials durchdringen könnte und zweitens bei engem Kontakt der Moleküle Dimere und Trimere entstehen, die nicht mehr zur Laseremission beitragen.

In dieser Arbeit wird das organische Halbleitermaterial Alq_3:DCM als Kern von DFB Laserwellenleitern verwendet [11, 94]. Es besteht aus dem organischen Halbleiter Aluminium-tris(8-hydroxychinolin) (Alq_3), in dem sich $2 - 3\%$ Feststoffanteil des Laserfarbstoffs 4-(Dicyanomethyl)-2-methyl-6-(4-dimethylaminostyryl)-4-H-pyran (DCM) befinden. Dieser DCM-Feststoffanteil ist für Laser optimal [95]. Die Strukturformeln beider Moleküle sind in Abb. 2.9 gezeigt. Alq_3 ist ein so genannter organischer Halbleiter, denn es kann Ladungstransport in ihm stattfinden. In organischen Halbleitern gibt es eine Bandlücke zwischen dem höchsten besetzten Molekülorbital (englisch: *hig-*

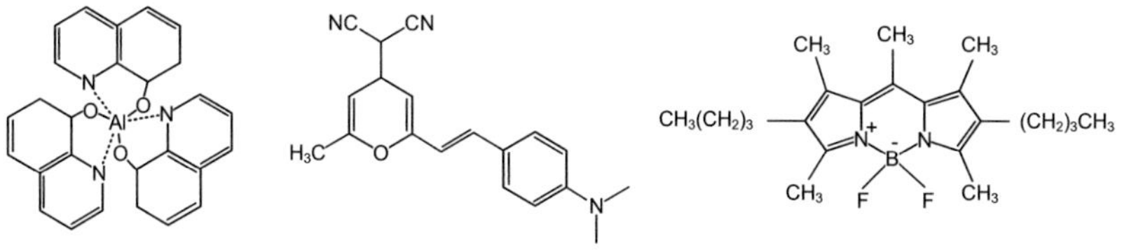

Abb. 2.9: Strukturformeln der Moleküle Alq3, DCM und Pyrromethen 597, die als Laserfarbstoffe eingesetzt werden.

hest occupied molecular orbital (HOMO)) und dem niedrigsten unbesetzten Molekülorbital (englisch: *lowest unoccupied molecular orbital* (LUMO)) des Grundzustandes. Die
halbleitenden Eigenschaften von Alq3 werden in dieser Arbeit nur indirekt genutzt, finden dagegen aber Anwendung z. B. in OLEDs. Alq3 kann in organischen Bauteilen als
Elektronenleiter, Emitter oder, wie in dieser Arbeit, als Wirtsmaterial eingesetzt werden. Es gehört zur Klasse der kleinen Moleküle (englisch: *small molecules*), die sich
durch ein geringes Molekulargewicht im Vergleich zu Polymeren auszeichnet. Moleküle dieser Klasse lassen sich aufdampfen, so dass funktionale Schichtsysteme hergestellt
werden können. Als Gastmolekül wird hier DCM verwendet, siehe Strukturformel in
Abb. 2.9. Beide Materialien werden gleichzeitig in einer Vakuumkammer verdampft,
so dass eine homogene Verteilung der DCM-Moleküle in einer Alq3-Matrix stattfindet.
Im System Alq3:DCM geht Energie über den so genannten Förster-Transfer von angeregten Alq3-Wirtsmolekülen auf DCM-Gastmoleküle über. So entsteht ein Vier-Niveau-
Lasersystem, das mit UV Licht um 400 *nm* gepumpt wird und um 630 *nm* Laserlicht
emittiert. Aufgrund dieser spektral großen Trennung von Absorption und Emission tritt
eine sehr geringe Selbstabsorption im Vergleich zu herkömmlichen Laserfarbstoffen auf,
was eine niedrige Laserschwelle begünstigt. Mit diesem Material kann deshalb eine Abstimmbarkeit der Laserwellenlänge über mehr als 100 *nm* erreicht werden [96]. Da das
Wirtsmaterial Alq3 in fast reiner Form vorliegt, wird außerdem die Pumpstrahlung sehr
effizient absorbiert. Ein weiterer Vorteil dieses Materials ist seine kommerzielle Verfüg-
barkeit.

Als Farbstoff für optofluidische Laser wird in dieser Arbeit Pyrromethen 597 verwendet. Auch dessen Strukturformel ist in Abb. 2.9 gezeigt. Hierbei handelt es sich um

einen Laserfarbstoff, der sowohl in makroskopischen Flüssigkeits- als auch in Festkörperlasern genutzt wird. Sein Absorptionsmaximum liegt bei $\approx 525\ nm$, während das Maximum der Emission bei $\approx 590\ nm$ liegt. Beides hängt vom umgebenden Medium ab. In dieser Arbeit wird Pyrromethen 597 in Benzylalkohol gelöst.

Farbstoffe werden außerdem auch als Fluoreszenzmarker in der Sensorik genutzt. Dazu werden sie so ausgewählt, dass sie das Licht der Anregelaser möglichst effizient absorbieren. Im Bereich von Anregewellenlängen um $630\ nm$ kommen in dieser Arbeit Alexa Fluor 647 und Fluospheres zum Einsatz. Letzteres sind Mikrokugeln, die mit einem Fluoreszenzfarbstoff versehen sind. Für eine Anregung mit grünem Laserlicht wird der Farbstoff Cy3 verwendet.

3 Prozesstechnik

In diesem Kapitel wird die Prozesstechnik zur Herstellung photonischer Systeme mit integrierten organischen Lasern, Wellenleitern und Mikrofluidikkanälen beschrieben. Die Strukturierung von Substraten aus Polymeren mit Mikro- und Nanostrukturen[1] basiert auf dem Replikationsverfahren Heißprägen mit den technisch genutzten Polymeren Polymethylmethacrylat (PMMA) und Cyclo-Olefin-Copolymer (COC). Zunächst wird auf die Herstellung von Stempeln aus Silizium und Nickel für das Heißprägen eingegangen. Danach werden der Prägeprozess selbst und der Prozess des thermischen Bondens vorgestellt. Zusätzlich wird das Aufdampfen von Alq_3:DCM durch Schattenmasken aus Metall diskutiert. Danach wird die Herstellung UV induzierter Wellenleiter und Mikrofluidikkanäle in PMMA beschrieben. Abschließend wird kurz DPN mit Phospholipiden behandelt.

3.1 Replikation im Mikro- und Nanometerbereich durch Heißprägen

Heißprägen ist eine Methode zur Herstellung von Strukturen im Mikro- und Nanometerbereich auf Polymeren [97–100]. Ein Stempel mit dem Negativ der gewünschten Oberflächentopologie des Polymers wird unter Druck und bei erhöhter Temperatur in eine Polymerplatte oder -folie oder in eine Polymer-Fotolackschicht auf einem Substrat gepresst. Die Wahl des Drucks und der Temperatur ist abhängig von der Topologie und dem verwendeten Polymer. Während einer Abkühlphase auf eine Temperatur unterhalb der Glasübergangstemperatur T_g des Polymers wird der Druck aufrechterhalten. Danach werden Stempel und Polymer getrennt. Dieses Verfahren zum Übertrag der Topologie kann vielfach mit demselben Stempel wiederholt werden. Beim Heißprägen mit Stempeln, die per Röntgentiefenlithografie und anschließende Galvanoformung hergestellt

---

[1]Im Folgenden sei entgegen anders lautender Definitionen zur besseren Unterscheidung der Strukturgrößenbereiche mit Nanostrukturierung bzw. Nanostruktur eine Struktur mit Abmessungen von ungefähr 100 *nm* und weniger gemeint, die nicht zwangsläufig im *Bottom-up*-Verfahren erzeugt wird. Fachlich präzise müssten einiger dieser Strukturen als sub-μm-Strukturen bezeichnet werden.

wurden, spricht man vom LIGA Verfahren (LIGA steht für Lithografie, Galvanik, Abformung), [101]. Heißprägen ist prinzipiell für die Massenproduktion geeignet. Es wird aber vorwiegend in der Forschung und Entwicklung eingesetzt, da die Stempelherstellung einfach ist und das Polymer gewechselt werden kann, ohne eine aufwendige Reinigung des Werkzeugs zu erfordern, und der Nachteil einer langen Prozessdauer weniger stark ins Gewicht fällt. Im Gegensatz zu anderen Verfahren treten kurze Fließwege des Polymers auf. Dies begünstigt geringe mechanische Spannung im abgeformten Bauteil und damit die großflächige Strukturierung mit Topographien im Mikro- und Nanometerbereich [102–104].

Alternative Methoden zur Replikation von Polymer-Mikrostrukturen [105] sind Spritzgießen, Spritzprägen [101] und UV Nanoimprint [106]. Beim Spritzgießen werden Polymere oberhalb ihrer Glasübergangstemperatur erhitzt und in eine Form gespritzt. Das Befüllen von Kavitäten mit hohem Aspektverhältnis[2] ist allerdings mit diesem Verfahren kaum möglich, weil das Polymer während des Befüllens der Kavitäten aushärtet (bedingt durch die relativ große Oberfläche des Werkzeugs im Vergleich zum Volumen der erstellten Struktur und den dadurch bedingten hohen Wärmefluss). Durch beheizte Formen ist dies zu verhindern, die Zykluszeiten nehmen dabei aber deutlich zu. Beim Spritzprägen wird zunächst in eine leicht geöffnete Form eingespritzt und diese danach mit zusätzlichem Druck verschlossen. Bei unbeheizten Formen sind allerdings auch hier die maximalen Aspektverhältnisse stark begrenzt. Unter UV Nanoimprint versteht man einen Prozess, bei dem ein transparenter Stempel in einen Fotolack auf einem Substrat gepresst wird. Der Fotolack wird dann durch Belichtung mit UV Strahlung vernetzt und anschließend wird getrennt. Vorteil dieser Methode ist, dass nicht wie beim Heißprägen aufgrund von unterschiedlichen thermischen Ausdehnungskoeffizienten beim Abkühlen eine Verzahnung von Stempel und Replikat auftritt.[3] Dies ermöglicht kurze Zykluszeiten. Da eine Fotolackschicht, die üblicherweise nur einige zehn Nanometer bis einige Mikrometer dick ist, verwendet wird, ist es bei dieser Methode besonders kritisch einen homogenen Kontakt auf der gesamten Fläche zu bewerkstelligen. Dazu wird als Sub-

---

[2]Das Aspektverhältnis ist das Verhältnis der Höhe einer Struktur zu ihrer kleinsten lateralen Abmessung.

[3]Beim Heißprägen muss zur Vermeidung der Verzahnung zwischen Stempel und Halbzeug während des Abkühlens der Druck aufrecht erhalten bleiben.

strat und Stempel meist ein ebener Wafer aus Silizium oder Glas verwendet, aber auch flexible Stempel können für einen homogenen Kontakt von Vorteil sein.

3.1.1 Grundlagen der Stempelherstellung

Die Stempelherstellung für das Heißprägen kann für Strukturen im Millimeterbereich durch Mikrofräsen geschehen. Für diese Arbeit werden kleinere Strukturen benötigt und deshalb lithografische Methoden genutzt. Dabei werden Strukturen in einem Fotolack durch Belichten und Entwickeln erzeugt. In dieser Arbeit wird für die meisten Strukturen im Mikrometerbereich UV Lithografie und für Mikro- und Nanostrukturen Elektronenstrahllithografie genutzt.

Für die Lithografie wird ein Fotolack auf ein Substrat, meistens ein Silizium-Wafer, zu einer Schichtdicke von einigen zehn Nanometern bis zu einigen Mikrometern aufgeschleudert. Elektronenstrahllithografie ist die am weitesten verbreitete serielle Methode zur Herstellung kleinster Strukturen im Nano- bis Mikrometerbereich. Ein Elektronenstrahl wird dazu mittels magnetischer Linsen auf den Fotolack auf dem Substrat fokussiert. Dann werden die gewünschten Strukturen zunächst durch Auslenkung des Strahls und bei der Strukturierung größerer Felder durch mechanisches Verfahren der Substrathalterung in den Fotolack geschrieben. Abhängig vom verwendeten Fotolack werden die belichteten Bereiche (positiver Fotolack) oder die unbelichteten Bereiche (negativer Fotolack) nachträglich mit einem Entwickler entfernt. Elektronenstrahllithografie ist im Allgemeinen verhältnismäßig kostenintensiv, da die Geräte hohe Anschaffungs- und Unterhaltungskosten haben und je nach Struktur für einen einzelnen Wafer Schreibzeiten von mehreren Stunden auftreten können. Diese Technologie bietet aber die Möglichkeit einer freien Definition bis zu $\approx 10\ nm$ kleiner Strukturen.

Insbesondere in der Halbleiterindustrie ist die UV Lithografie von großer Bedeutung. Hierbei wird ein Fotolack durch eine Maske mit einer UV Lampe belichtet. Als Maske werden meist Glasplatten mit Chrom-Strukturen verwendet, die per Elektronenstrahllithografie und Ätzen hergestellt werden. Nach der Belichtung folgt eine Entwicklung des Fotolacks analog zur Elektronenstrahllithografie. Unter UV Lithografie soll hier zunächst das Verfahren mit einer Wellenlänge um $\approx 350\ nm$ verstanden werden. Für kleinere Strukturgrößen kann tiefe UV Strahlung (englisch: *deep ultraviolet* (DUV)) verwendet werden.

Über Ätzverfahren können Fotolackstrukturen in ein Substrat übertragen werden [101]. Reicht die Selektivität des Fotolacks im Vergleich zum Substrat, in das geätzt werden soll, nicht aus, um die erwünschte Tiefe zu ätzen, kann eine Metallschicht als Ätzmaske genutzt werden. Dazu wird diese indirekt über einen Fotolack strukturiert, indem die Struktur per Lift-Off-Verfahren oder Ätzen in das Metall übertragen wird. Beim Lift-Off-Verfahren wird eine Metallschicht, die dünner ist als der Fotolack, auf den Lack aufgedampft. Danach wird der Fotolack nasschemisch aufgelöst. Die Metallschicht auf den Lackstrukturen wird dabei mit dem Fotolack abgetragen und überall dort, wo zuvor kein Fotolack war, bleibt Metall zurück. Voraussetzung für das Gelingen dieses Verfahrens ist, dass die Haftung des Metalls auf dem Substrat hinreichend ist und die Seitenwände der Fotolackstrukturen nicht mit Metall belegt sind, so dass eine topologische Trennung der Schichten gewährleistet ist.

Versieht man strukturierte Silizium-Substrate mit einer Anti-Haftschicht, so können diese direkt als Stempel für das Heißprägen verwendet werden. Die Strukturqualität von Silizium-Stempeln ist im Allgemeinen sehr hoch. Da Silizium aber aufgrund seiner Kristallstruktur entlang der Kristallachsen leicht brechen kann, besteht die Gefahr, dass solche Stempel beim Prägevorgang oder beim Trennen von Substrat und Polymer zerstört werden. Alternativ können Urformen per Galvanik in ein Metallprägewerkzeug umkopiert werden. Dazu ist eine metallische Startschicht nötig. Es wird meist eine Kombination aus Chrom und Gold verwendet, wobei Chrom für eine bessere Haftung auf dem Substrat sorgt und Gold aufgrund seiner Leitfähigkeit als Startschicht dient. Die Startschicht kann unter dem Fotolack aufgetragen werden, was zur Füllung von Kavitäten mit hohem Aspektverhältnis von Vorteil ist [104]. Ein besserer Strukturübertrag kann bei geringen Aspektverhältnissen erzielt werden, wenn man die Startschicht auf die Fotolackstruktur aufdampft und später auf dem Stempel belässt. Auf der Startschicht wird in einem Elektrolyt-Bad eine Nickellegierung bis zur gewünschten Dicke des Stempels galvanisiert. Danach werden Stempel und Urform mechanisch oder chemisch getrennt.

3.1.2 Durchführung der Stempelherstellung

Im Folgenden werden die Prozesse zur Herstellung von Stempeln aus Nickel und Silizium, die zur Realisierung photonischer Systeme mit integrierten Lasern in dieser Arbeit entwickelt wurden, im Detail beschrieben. Diese Beschreibungen spiegeln jene Prozes-

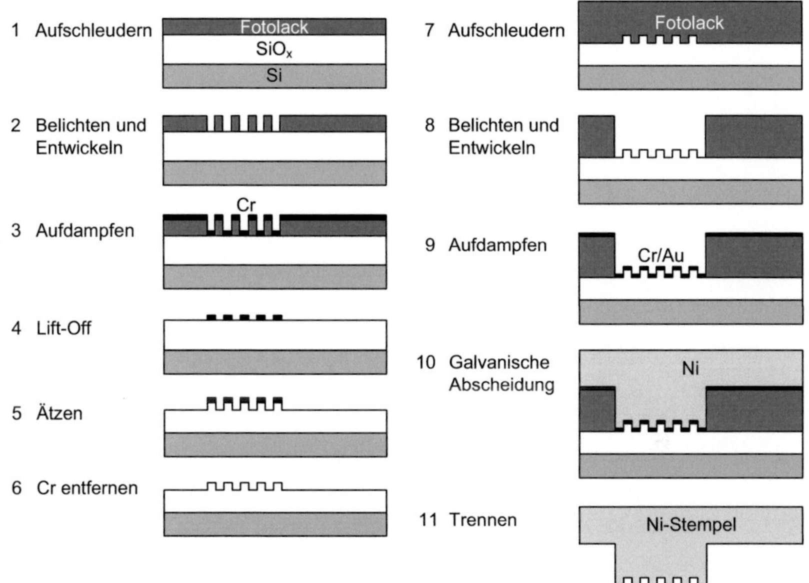

Abb. 3.1: Schema der Prozessschritte zur Herstellung von Heißprägestempeln mit kombinierter Topographie im Mikro- und Nanometerbereich aus Nickel.

se wider, die zu den besten Ergebnissen in den genutzten Laboren geführt haben. Es ist zu erwarten, dass bei der Verwendung anderer Maschinen oder Materialien, eine Anpassung der Parameter notwendig wird. Beide Stempeltypen weisen kombinierte Strukturen im Mikro- und Nanometerbereich auf. Diese werden jeweils so angeordnet, dass auf dem Werkzeug eine Nanostrukturierung auf den Mikrostrukturen entsteht. So ergeben sich später Nanostrukturen in Mikrovertiefungen des abgeformten Substrates. Die Prozesse sind in Abb. 3.1 und Abb. 3.2 gezeigt. Sie können durch Auslassen eines Lithografieschritts auch so genutzt werden, dass nur Mikro- oder nur Nanostrukturen entstehen.

Für die Herstellung eines Nickelstempels [107, 108] werden als erstes auf einem oxidierten Silizium-Wafer mit einem Siliziumoxid-Ätzprozess [109] Nanostrukturen hergestellt, wie Abb. 3.1 1-6 gezeigt. Auf einem oxidierten 4-Zoll Silizium-Wafer mit einer Oxiddicke von $0,6\ \mu m$ wird positiver PMMA Fotolack (MicroChem PMMA, Molekulargewicht 950000, 2% Massenanteil in Anisol) mit 1000 U/min für 45 s aufgeschleudert. Der Fotolack wird danach auf einer Heizplatte 90 s lang bei 180 $°C$ ausgebacken. In die resultierende ca. 150 nm dicke Fotolackschicht werden mit dem Elektronenstrahlschreiber (Vistec VB6) auf einer Fläche von meist 500 $\times$ 500 μm^2 Gitterstrukturen mit Abmessungen im Bereich von $\approx$ 100 nm mit einer Dosis von 650 $-$ 800 $\mu C/cm^2$ belichtet. Je nach Struktur sind aufgrund des *Proximity*-Effektes [101] unterschiedliche Belichtungsdosiswerte optimal. Daraufhin wird der Fotolack in Methylisobutylketon und Isopropanol (MIBK:IPA) im Verhältnis 1:3 für 30 s im Becherglas entwickelt und 10 s mit IPA überspült. Anschließend wird mit Stickstoff trocken geblasen. Danach werden $\approx$ 10 $-$ 20 nm Chrom aufgedampft (Anlage z. B. Univex 450). Über einen Lift-Off-Prozess in einem Ultraschallbad wird der Fotolack mit Aceton abgelöst und es bleibt ein Gitter aus Chrom auf dem Substrat zurück. Während des Lift-Off-Prozesses muss die Ablagerung von abgelöstem Chrom auf dem Wafer vermieden werden. Dies geschieht durch Rühren der Flüssigkeit und dadurch, dass der Wafer nicht horizontal gelagert, sondern schräg mit der Strukturseite nach unten aufgestellt wird. Die zurückbleibende Nanostruktur aus Chrom wird zum Übertrag der Struktur in die Oxidschicht durch reaktives Ionen-Ätzen genutzt. Die Prozessparameter der Anlage (Oxford Instruments Plasmalab 80 Plus) werden so gewählt, dass 60 $-$ 200 nm tiefe Strukturen entstehen: 30 $sccm$ CHF_3, 1.6 $sccm$ O_2 bei 60 W und 2.93 Pa. Die Ätzrate beträgt damit $\approx$ 10 nm/min. Alternativ kann auch der strukturierte PMMA Fotolack als Ätzmaske in diesem Prozess verwendet werden. Seine Abtragsrate ist allerdings deutlich höher als die des Metalls. Ein Liniengitter mit einer Periode von 200 nm und einer Linienbreite von 100 nm lässt sich bei einer Fotolackdicke von 150 nm mit dieser Anlage nur bis zu einer Tiefe von $\approx$ 50 nm in die Oxidschicht übertragen. Danach ist der Fotolack komplett abgetragen. Höhere Fotolackschichten sind nicht sinnvoll, da in diesem Fall die mechanische Stabilität des Fotolacks bei einer nasschemischen Prozessierung nicht ausreicht und es zum Strukturkollaps kommt. Da Gittertiefen von $\approx$ 70 nm für organische Alq_3:DCM Halbleiterlaser und Gittertiefen von $\approx$ 140 nm für optofluidische Laser benötigt werden, wird bei diesem Lack der Lift-Off-Prozess genutzt. Nach dem Auflösen der Chromschicht in Ätzlösung (Chrome Etch 18, Microresist Technology) wird eine weitere PMMA Fotolackschicht (MicroChem PMMA, Molekulargewicht 950000, 9% Massenanteil in Anisol) bei 1750 U/min für 60 s aufgeschleudert und erneut für 90 s bei 180 $°C$ ausgebacken, siehe Abb. 3.1 7, 8. Dadurch entsteht eine Schichtdicke von ca.

$1,6\,\mu m$. Durch Änderung der Drehrate beim Aufschleudern oder durch Verdünnung des Fotolacks und damit der Verminderung des Feststoffgehalts und der Viskosität kann die Schichtdicke angepasst werden. Per Elektronenstrahllithografie wird der Lack über den Gitterstrukturen mit einer Dosis von $\approx 575\,\mu C/cm^2$ belichtet und in MIBK:IPA 1:1 für $2\,min$ und IPA für $30\,s$ entwickelt. Alternativ kann auch justierte DUV Lithografie verwendet werden. Nach dem Trockenblasen ist die Herstellung der Urform abgeschlossen.

Als Nächstes entsteht das Werkzeug durch das galvanische Umkopieren der Urform, wie in Abb. 3.1 9-11 dargestellt. Als Haft- und Startschicht für die Galvanik werden $7\,nm$ Chrom und $50\,nm$ Gold aufgedampft. Die Chromschichtdicke ist so gewählt, dass sie genügend Haftung bietet. Die Goldschicht ist dick genug, um eine ausreichende Leitfähigkeit zu garantieren. Bei Schichtdicken unterhalb von $50\,nm$ kann es zu unzureichender Kontaktierung kommen. Die Galvanoformung erfolgt in einem Borsäure-haltigen, Chlorid-freien Nickelsulfamat-Elektrolyten bei einer Temperatur von $52\,°C$ und einem pH-Wert von $3,4-3,6$, bis eine Schichtdicke von $\approx 500\,\mu m$ erreicht ist. Bedingt durch die Halterung im Galvanikbad des IMT hat der entstehende Stempel einen Durchmesser von $88\,mm$. Stempel und Urform lassen sich häufig mechanisch trennen, wobei der Silizium-Wafer dabei meist zerbricht, da die Strukturen auf dem Wafer als Sollbruchstellen wirken. Falls mechanische Trennung nicht gelingt, wird zunächst das Silizium in Kaliumhydroxid (KOH) aufgelöst. Auch das Siliziumoxid kann damit gelöst werden, gründlicher und schneller lässt es sich aber mit gepufferter Flusssäure ablösen. Diese raut aber auch das Metall auf und sollte deshalb nicht länger als nötig angewendet werden. Fotolackreste werden mit Aceton und zusätzlich durch Sauerstoffplasma entfernt.

Die Herstellung von Werkzeugen aus Silizium[4] [110–112] beginnt ebenfalls mit Elektronenstrahllithografie für Nanostrukturen, siehe Abb. 3.2 1-6. Ein 4-Zoll Silizium-Wafer wird zunächst für einige Minuten in 5%-ige Flusssäure getaucht und im Wasserbad gespült, um Siliziumoxid an der Oberfläche zu entfernen. Dann wird der positive Fotolack ZEP520A (Zeon Corporation) für $30\,s$ bei $2000\,U/min$ aufgeschleudert und für $5\,min$ bei $180\,°C$ ausgebacken. Die Nanostrukturen werden mit einem Elektronenstrahlschreiber (JEOL-JBX9300) mit einer Beschleunigungsspannung von $100\,kV$ mit einer Dosis von $180\,\mu C$ belichtet. Durch die höhere Empfindlichkeit dieses Fotolackes und damit die geringere erforderliche Belichtungsdosis ist die Schreibzeit im Vergleich zu PM-

---

[4]Dieser Prozess wurde an Dänemarks Technischer Universität (DTU) in den Reinräumen von DTU Danchip durchgeführt.

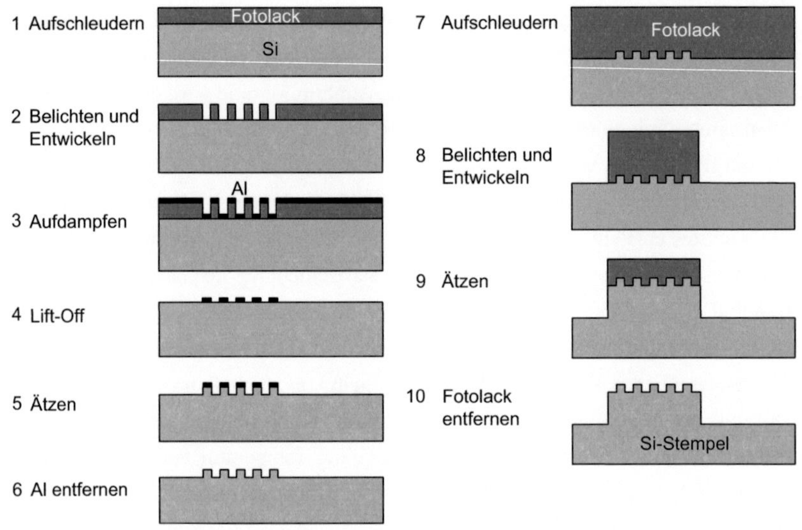

Abb. 3.2: Schema der Prozessschritte zur Herstellung von Heißprägestempeln aus Silizium.

MA Fotolack deutlich verkürzt. Der Fotolack wird nach der Belichtung mit ZED-N50 (Zeon Corporation) für 2 *min* und mit IPA für 1 *min* im Becherglas entwickelt. Dann werden 30 *nm* Aluminium durch Elektronenstrahlverdampfen (Alcatel SCM600 e-beam and sputter tool) aufgebracht. In einem Lift-Off-Prozess in Remover 1165 (Shipley Microposit), der auch hier mit Ultraschall unterstützt wird, entsteht ein Metallgitter auf dem Silizium-Wafer. Dieses Gitter wird zum Übertrag der Nanostrukturen durch SF_6 basiertes reaktives Ionen-Ätzen (STS Cluster System C004) bis zur gewünschten Tiefe von 140 − 200 *nm* in das Substrat übertragen. Ätzparameter sind hier 32 *sccm* SF_6, 8 *sccm* O_2 bei 30 *W* und 10,7 *Pa*. Die benötigte Ätzdauer hängt stark von der zu ätzenden Struktur ab und liegt im Bereich von ca. 30 *s*. Nach dem Ätzen wird das Aluminium entfernt; dies kann mit AZ351B Entwickler (Microchemicals) geschehen. Auch mit diesem Prozess ist es möglich auf den Lift-Off-Prozess zu verzichten und den Fotolack direkt als Ätzmaske zu verwenden.

Für die Mikrostruktur wird, wie in Abb. 3.2 7, 8 gezeigt, AZ5214E Fotolack zu einer Dicke von 1,5 *µm* aufgeschleudert und durch eine Fotomaske im UV belichtet. Für

Abb. 3.3: Fotos eines Nickel- (links) und Siliziumstempels (rechts) mit Mikro- und Nanostrukturen (mit 1-Euro-Münze zum Größenvergleich).

die Belichtung wird die Fotomaske mit Hilfe von Markierungen, die zuvor während der Elektronenstrahllithografie ebenfalls erzeugt wurden, so justiert, dass die Mikrostrukturen über den Nanostrukturen liegen. An der verwendeten Belichtungsanlage (Karl Süss MA6/BA6 contact aligner) reicht eine Belichtungsdauer von $\approx 7\,s$ aus. Die Fotolackstruktur wird dann erneut zum reaktiven Ionen-Ätzen basierend auf SF_6 mit den vorherigen Parametern genutzt, um die Struktur bis zur gewünschten Tiefe von z. B. $1,6\,\mu m$ in die Oberfläche des Silizium-Wafers zu übertragen, anschließend wird der Fotolack mit Lösungsmittel entfernt, siehe Abb. 3.2 9, 10. Um den Silizium-Wafer zum Prägen zu nutzen, ist es erforderlich eine Anti-Haftschicht aufzubringen. Dazu wird mit einer Anlage vom Typ Applied MicroStructures Inc. MVD100E System mittels chemischer Gasphasenabscheidung (englisch: *chemical vapor deposition* (CVD)) eine Schicht von Perfluorodecyltrichlorosilan (FDTS) Molekülen aufgebracht. Diese Moleküle können mit ihrem einen Ende eine chemische Bindung mit dem Substrat eingehen. Ihr anderes Ende ist Teflon-ähnlich und sorgt so für eine geringe Haftung während des Prägeprozesses. Im verwendeten Prozess wird zunächst das Substrat mit Sauerstoffplasma gereinigt und dann die Schicht im Wechsel mit H_2O aufgebracht. Dieser Prozess muss auch nach mehrmaligem Prägen nicht wiederholt werden. Auf Nickelstempeln, wie sie in dieser Arbeit verwendet werden, führt die Anwendung dieses Prozesses allerdings nicht zur Verbesserung beim Heißprägen. In Kombination mit einer Siliziumoxidschicht auf den Stempeln, die eine Bindung der FDTS-Moleküle begünstigt, könnte die Haftung allerdings verringert werden [113].

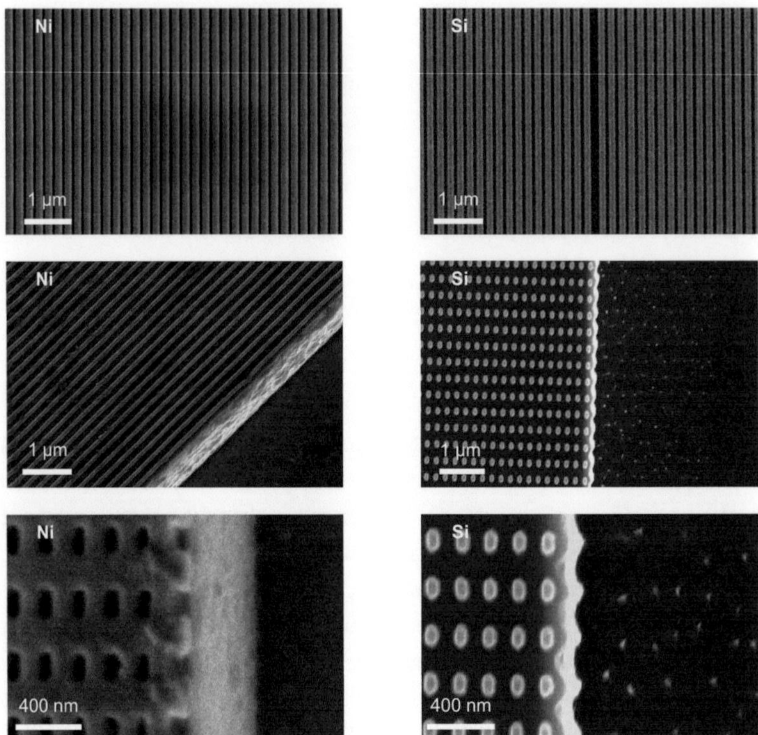

Abb. 3.4: REM-Aufnahmen von Nickel- und Siliziumstempeln mit Mikro- und Nanostrukturen. Links: Nickelstempel mit Liniengittern und zweidimensionalem Gitter. Aufnahmen unter Winkeln zeigen, dass die Nanostrukturen auf Mikroerhöhungen liegen. Rechts: Liniengitter und zweidimensionales Gitter auf einem Siliziumstempel. In den unteren Aufnahmen des Siliziumstempels erkennt man die Genauigkeit der Justage der Fotomaske für die Mikrostruktur, denn dort wo vorher Nanostrukturen lagen, sind sie nach dem Ätzen in sehr schwacher Ausprägung erhalten geblieben.

In Abb. 3.3 sind Fotos eines Nickel- und eines Siliziumstempels zu sehen und Abb. 3.4 zeigt exemplarisch rasterelektronenmikroskopische (REM) Aufnahmen von Mikro- und Nanostrukturen auf Silizium- und Nickelstempeln.

3.1.3 Abformung

Häufig wird Heißprägen auf Silizium- oder Glassubstraten durchgeführt, auf denen Polymer als Fotolackschicht aufgeschleudert wird. In dieser Arbeit wird allerdings die Abformung in Halbzeuge durchgeführt, die als Folien bzw. Platten vorliegen, um Systeme herzustellen, die vollständig aus Polymer bestehen. Die Abformung der Struktur geschieht, indem Stempel und Kunststoff-Halbzeug in eine Heißprägeanlage (für diese Arbeit Jenoptik HEX 03 und EVG 520 hot embosser) zwischen zwei planparallele heizbare Platten gelegt werden, siehe Abb. 3.5. Nachdem die Heißprägeanlage bestückt ist, wird die Prägekammer zunächst evakuiert, da Lufteinschlüsse das Befüllen von Kavitäten behindern würden. Dann werden üblicherweise die Platten in leichten Kontakt gebracht und aufgeheizt. Nach dem Erreichen einer Solltemperatur oberhalb der Glasübergangstemperatur des Polymers wird die Prägekraft angelegt und für eine Dauer von typischerweise mehreren Minuten gehalten. Während der darauf folgenden mehrminütigen Abkühlphase wird die Kraft aufrecht erhalten, um eine Verzahnung der Struktur auf dem Stempel mit dem Polymer aufgrund unterschiedlicher thermischer Ausdehnungskoeffizienten zu vermeiden. Die Rückseite des Halbzeugs kann mit einem nicht haftenden Substrat, z. B. einer Polyimidfolie oder einem unstrukturierten Silizium-Wafer mit einer Antihaftschicht, in Kontakt sein. Alternativ wird der Stempel mit der Platte der Heißprägeanlage verschraubt und die Platte auf der Rückseite des Polymers mit einer Oberfläche versehen, die zuvor durch Sandstrahlen aufgeraut wird. Ist die Haftung des Halbzeugs an der aufgerauten Oberfläche höher als am Stempel, kann mit der Maschine automatisch entformt werden. Dies hat besonders bei hohen Aspektverhältnissen Vorteile, weil Verzug oder überzogene Kanten vermieden werden. Allerdings entsteht auch eine aufgeraute Rückseite des Polymers und insbesondere bei großflächigen Nanostrukturen kommt es vor, dass die Haftung an den abzuformenden Strukturen höher ist als an der aufgerauten Fläche und nicht automatisch entformt werden kann. Ohne haftende Oberfläche müssen Polymer und Stempel nach dem Prägen mechanisch mit Hilfe von Druckgas (Stickstoffdüse) oder mit Hilfe einer Rasierklinge von Hand getrennt werden. Im Allgemeinen gilt, dass die Temperatur bei der Abformung amorpher Thermoplaste, wie COC und PMMA, innerhalb des Fließ- bzw. Schmelzbereiches, oberhalb der Glasübergangstemperatur des Polymers liegen sollte. Für eine Abformung ohne Verzug der Strukturen sollte die Prägekraft hoch und die Abkühlrate klein gewählt werden. Die Relaxationszeit der Polymere

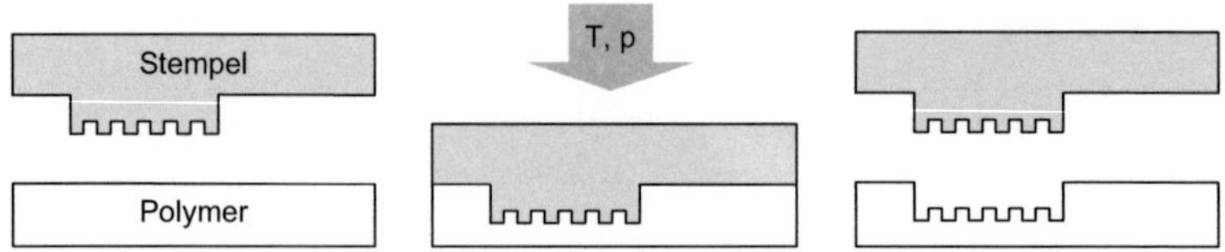

Abb. 3.5: Schema des Heißprägens in Polymerhalbzeuge.

steigt exponentiell an, wenn sich die Temperatur der Glasübergangstemperatur nähert. Ein Abformprozess ist deshalb immer ein Kompromiss zwischen einer Abkühlphase, die lang genug ist, und einer vertretbaren Prozessdauer. Bei Nickelstempeln (Durchmesser 88 mm) werden in dieser Arbeit Kräfte bis zu 100 kN verwendet. Im Falle von Siliziumstempeln (Durchmesser 100 mm) besteht dagegen eine höhere Gefahr, dass die Stempel beim Anlegen hoher Kräfte brechen. Deshalb werden keine Kräfte von mehr als 15 kN eingesetzt. Verformungen treten insbesondere in den Randbereichen auf, da das Polymer während des Prägeprozesses nach außen fließt und sich beim Abkühlen wieder zusammen zieht. Bei Nickelstempeln werden hohe Kräfte genutzt, denn so kann die Temperatur niedrig gehalten und ein weites Fließen in die Randbereiche verhindert werden. Da bei Siliziumstempeln geringere Kräfte eingesetzt werden, benötigt man höhere Temperaturen, um innerhalb angemessener Zeiten die Strukturen auf dem Stempel mit Polymer zu befüllen. Aufgrund der geringeren Kraft, fließt aber auch dann das Polymer nicht zu weit nach außen. Beide Ansätze führen bei Prägedauern von $10-15$ min für die hier verwendeten Strukturen mit Aspektverhältnissen kleiner als zwei zu guten Ergebnissen. Alternativ könnten zusätzliche Barrieren auf dem Stempel das Zusammenziehen des Polymers aus den Randbereichen reduzieren [114]. Zum Ausgleich von Unebenheiten kommen zwischen den Platten der Heißprägeanlage und dem Stapel aus Stempel, Halbzeug und Auflage dünne Schichten Silikon (gegossen, Dicke variiert um 0, 1 mm) oder Graphit (Dicke 70 μm) zum Einsatz. Um Verschmutzungen zu vermeiden, werden sie zwischen Polyimid- oder Aluminiumfolien gelegt. Im Laufe der Versuche stellte sich die Tendenz heraus, dass Graphitschichten besser zum Ausgleich kleiner Höhenunterschiede in größerem Abstand geeignet sind, während mit Silikonschichten besonders gut lokale Unebenheiten ausgeglichen werden.

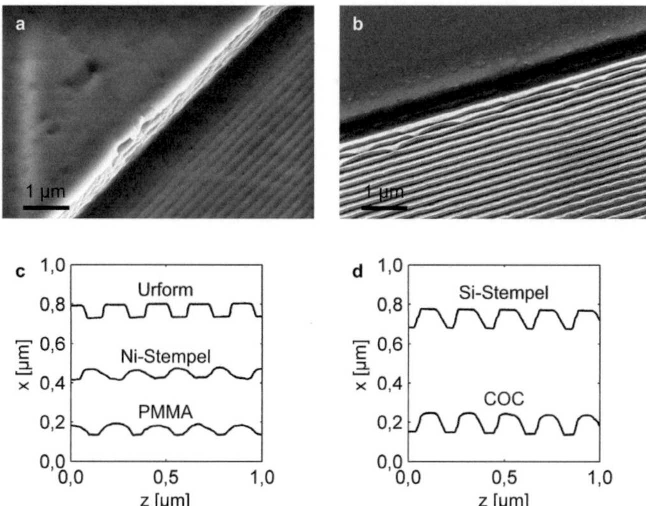

Abb. 3.6: Vergleich des Heißprägens kombinierter Mikro- und Nanostrukturen mit Nickel- und Siliziumstempeln. a) Aufnahme mit dem Rasterelektronenmikroskop (REM) von PMMA geprägt mit Nickelstempel. b) REM-Aufnahme von COC geprägt mit Siliziumstempel. c) Aufnahme mit dem Rasterkraftmikroskop (englisch: *atomic force microscope* (AFM)) von Nanostrukturen auf Siliziumoxidurform, Nickelstempel und PMMA-Substrat. d) AFM-Aufnahme von Nanostrukturen auf Siliziumstempel und COC-Substrat.

Zusammenfassend sind in Tab. 3.1 Parameter zum Heißprägen aufgelistet, wie sie für die in dieser Arbeit verwendeten Strukturen und Materialien mit beiden Maschinen zu guten Ergebnissen führen. Die Glasübergangstemperaturen der Polymere liegen jeweils bei $T_g \approx 105°C$ für Hesa-Glas VOS PMMA [13] sowie bei $T_g \approx 138°C$ für Topas 6013 COC und $T_g \approx 78°C$ bei Topas 8007 COC[5] [116]. Die angelegten Drücke werden während des Abkühlvorganges bis zu einer Temperatur von typischerweise 50 °C aufrechterhalten. Die Polymerstrukturen weisen nach diesen Prozessen ein reproduzierbares Schrumpfen der Strukturen in Richtung der Oberfläche um den Faktor 0,9952(2) bei COC Substraten der Dicke 100 μm und 0,9945(2) bei PMMA Substraten der Dicke 500 μm auf. Dieses Schrumpfen gilt gleichermaßen für Strukturen vom Nanometer- bis

---

[5]Dieses Material wird im Folgenden nicht verwendet, eignet sich aber sehr gut zur Abformung von Gitterstrukturen mit Nickelstempeln [115].

Stempelmaterial	Halbzeugmaterial	T (°C)	t (min)	p (kPa)
Nickel	Hesa-Glas VOS PMMA	180	10	16,4
	Hesa-Glas VOS PMMA	190	15	2,7
Silizium (und Nickel)	Topas 6013 COC	190	15	2,6
	Topas 8007 COC	130	15	2,6

Tab. 3.1: Parameter zum Heißprägen von COC und PMMA mit Nickel- und Siliziumstempeln: Temperatur T, Zeit t und Druck p.

in den Zentimeterbereich. Abb. 3.6 zeigt exemplarisch rasterelektronenmikroskopische Aufnahmen von geprägten Polymerstrukturen und rasterkraftmikroskopische Aufnahmen (englisch: *atomic force microscope* (AFM)) von Nanostrukturen auf Urform, Stempeln und Polymersubstraten. Beide Stempelstrukturen lassen sich auch an den Kanten der Mikrovertiefungen mit hoher Formtreue in die Polymere übertragen, siehe Abb. 3.6a, b. In Abb. 3.6c, d ist zu erkennen, dass die Urform des Nickelstempels und der Siliziumstempel jeweils mit steilen Seitenwänden der Nanostrukturen versehen sind. Vorteil der Nickelstempel beim Abformen ist ihre höhere Stabilität, wogegen bei Siliziumstempeln die Gefahr besteht, dass sie beim Abformen oder Entformen zerbrechen.

3.2 Thermisches Bonden

Thermisches Bonden wird in dieser Arbeit zum Verschluss von Mikrofluidikkanälen und zur Verkapselung organischer Halbleiterlaser genutzt. Das Verfahren ähnelt dem Heißprägen und wird an denselben Maschinen durchgeführt: Zwischen zwei planparallele heizbare Platten werden die zu verbindenden Polymerteile gelegt und unter Wärmezufuhr zusammengepresst, siehe Abb. 3.7. Die Prozesstemperatur liegt dabei unterhalb der Glasübergangstemperatur der Polymere und es werden meist weniger hohe Drücke eingesetzt als beim Heißprägen. So bleiben z. B. Mikrofluidikkanäle offen. Die Festigkeit der Verbindung ist dabei abhängig vom Polymertyp und von den Prozessparametern. Auf diese Weise können z. B. Kanäle mit Nanometerdimensionen hergestellt werden [117].

Bei den alternativen Methoden Laserschweißen und Kleben werden eine Absorberschicht bzw. ein Klebstoff verwendet [101]. Mikrofluidische Kanäle werden deshalb häufig durch thermisches Bonden verschlossen, weil auf diese Weise kein weiteres Ma-

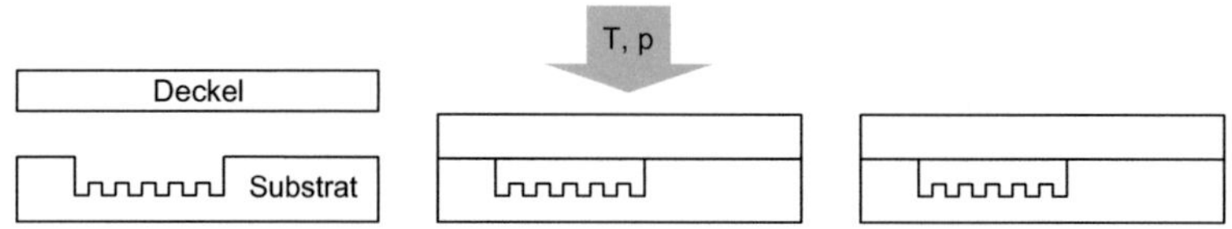

Abb. 3.7: Schema des thermischen Bondens von Polymersubstrat und -deckel.

Material	T (°C)	t (min)	p (kPa)
Hesa-Glas VOS PMMA	78	20	1,1
Topas 6013 COC	110	20	1,2

Tab. 3.2: Parameter zum thermischen Bonden von COC und PMMA.

terial als Haftvermittler benötigt wird. Beim thermischen Bonden besteht allerdings bei Strukturen, die verschlossen werden sollen und die kleine Aspektverhältnisse aufweisen, die Gefahr, dass Deckel und Boden der Kavität im Substrat ungewollt in Kontakt kommen.

Um Mikrovertiefungen, die über Heißprägen in PMMA und COC hergestellt werden, zu verschließen, wird in dieser Arbeit thermisches Bonden von Deckeln aus jeweils demselben Material genutzt. Für beide Materialien wurden die Bondprozessparameter hinsichtlich Haftung und Erhalt der Strukturen optimiert. Allgemein gilt, dass die Haftung durch höhere Drücke, längere Haltezeiten und höhere Temperaturen erhöht wird, gleichzeitig aber die unerwünschte Verformung von Substrat und Deckel zunimmt. Es wird also ein Kompromiss gesucht, zwischen vertretbarer Prozessdauer, Strukturerhalt und ausreichender Haftung. In Tab. 3.2 sind die optimierten Parameter aufgelistet. Für den Bondprozess in einer Heißprägeanlage werden jeweils Graphitschichten (Dicke $\approx 70\ \mu m$) zwischen Aluminiumfolien ober- und unterhalb von Substrat und Deckel gelegt. Die Graphitschichten dienen zum Ausgleich von Unebenheiten während die Aluminiumfolie lediglich dazu dient, keine Graphitrückstände in der Maschine oder an den Proben zu hinterlassen. Zwischen diese Schichten und das Polymer wird eine Polyimidfolie (Dicke meist $25 - 50\ \mu m$) gelegt, weil diese auch nach dem Bondprozess nur eine sehr geringe Haftung am Polymer aufweist. Treten nur wenige Unebenheiten auf, kann auch ein Silizium-Wafer mit Antihaftschicht genutzt werden. Auf diese Weise entstehen sehr ebene Oberflächen an den Außenseiten der Chips, allerdings sind die Wafer auch

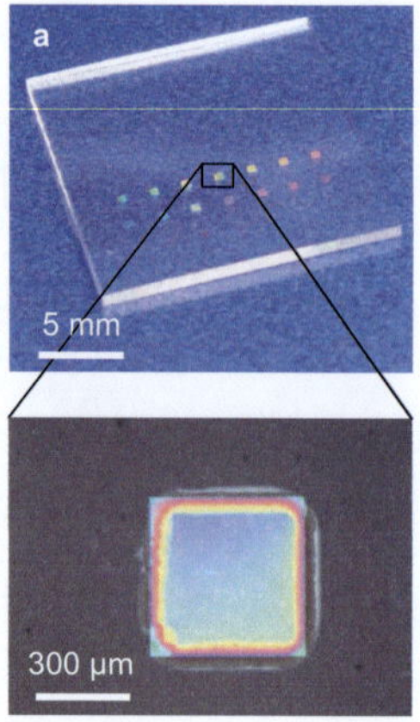
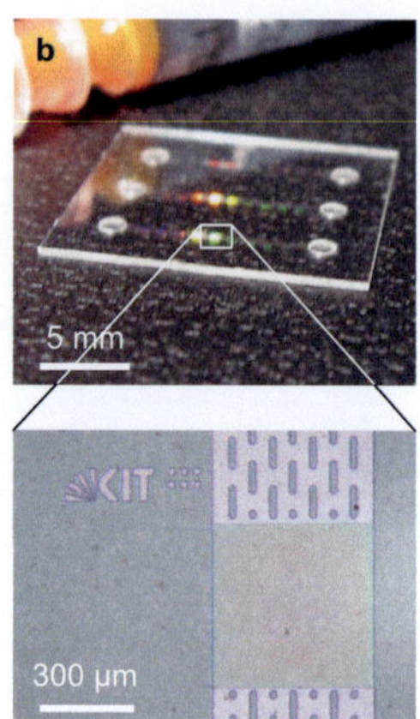

Abb. 3.8: Beispiele thermisch gebondeter Polymer-Chips. a) Foto eines PMMA-Systems mit integrierten organischen Halbleiterlasern und Mikroskopaufnahme einer organischen Halbleiterschicht, die durch thermisches Bonden verkapselt wurde. b) Foto eines COC-Systems mit integrierten nanostrukturierten Mikrofluidikkanälen und Mikroskopaufnahme eines solchen Mikrofluidikkanals der Höhe $1,6\,\mu m$, der durch thermisches Bonden verschlossen wurde.

schwerer vom Polymer zu trennen als die Polyimidfolie. Mit beiden Methoden können die verbundenen Polymere nach dem Prozess aus der Anlage herausgenommen werden, ohne die Verbindung der Polymerplatten zu beeinträchtigen. Wie beim Heißprägen wird auch beim Bonden die Kraft während des Abkühlens aufrecht erhalten und erst bei einer Temperatur von $\approx 50\,^{\circ}C$ gelöst.

Das Bonden wird mit Substraten und Deckeln durchgeführt, die ungefähr die Größe der Stempel haben. Danach werden die verbundenen Teile mit einer Wafersäge (Loadpoint MicroAce series 3 (IMT) oder Disco DAD321 (DTU Danchip)) vereinzelt. In Abb. 3.8 sind Beispiele thermisch gebondeter photonischer Systeme aus PMMA und COC gezeigt. Die Haftung der Bond-Verbindung ist im Falle von COC etwas größer als bei PMMA. Im Rahmen dieser Arbeit war es nötig, Mikrofluidikkanäle mit einer Höhe von $1,6\,\mu m$ und einer Breite von $500\,\mu m$ zu verschließen. Durch die Einführung von Stützstrukturen ist dies gelungen, ohne dass der Deckel den Boden der Vertiefung berührt, siehe Abb. 3.8b. Hier werden auf einer Fläche von $500 \times 500\,\mu m^2$ die Stützstrukturen ausgelassen, um den nanostrukturierten Boden des Kanals frei zu halten. Im Bereich ohne Stützstrukturen erkennt man Farbunterschiede. Diese sind auf Interferenz des Lichts an der dünnen Luftschicht zurückzuführen. Aufgrund dieses Farbverlaufs erkennt man eine leichte Durchbiegung des Deckels.

3.3 Aufdampfen von Alq$_3$:DCM durch Schattenmasken

Um organische Halbleiterlaser auf Polymer-Chips zu integrieren, wird Alq$_3$:DCM durch Schattenmasken auf die Nanostrukturierung für DFB Gitter gedampft. Dies geschieht in einer Hochvakuumanlage (Lesker Spectros) durch thermisches Verdampfen der Materialien.

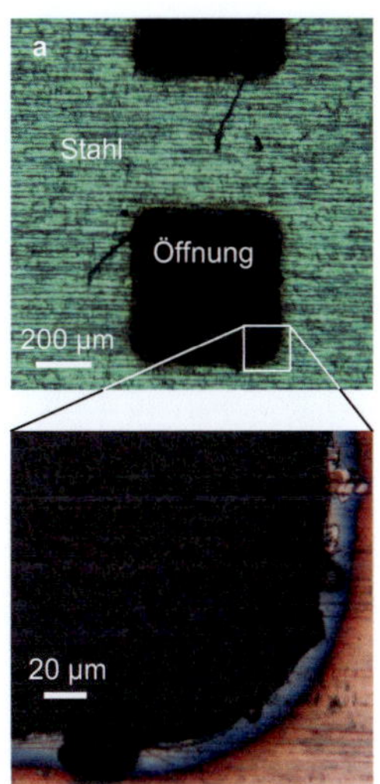

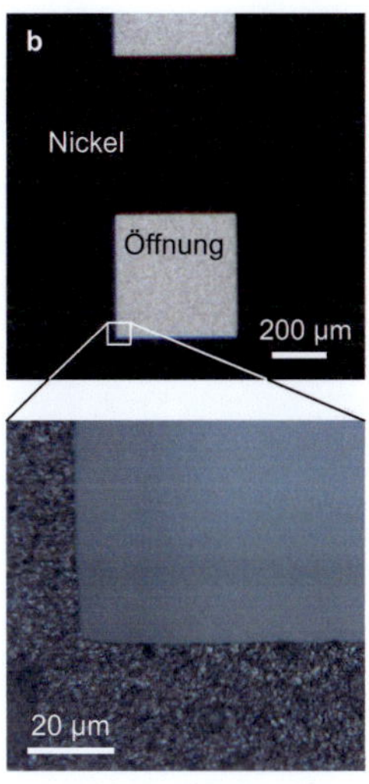

Abb. 3.9: Mikroskopaufnahmen von Aufdampfmasken. Alle Öffnungen haben Sollabmessungen von 498×498 μm. a) Stahl. b) Nickel.

Zum lokalen Aufdampfen von Alq$_3$:DCM wurden bisher Schattenmasken verwendet, die durch Laserschneiden in Stahlfolien hergestellt werden [12]. Ein typisches Laser-

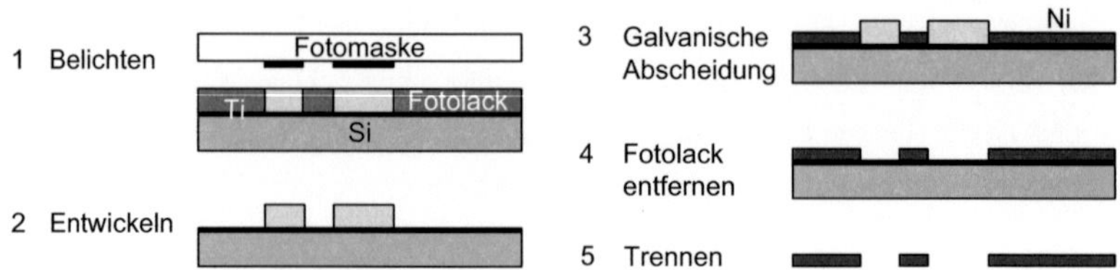

Abb. 3.10: Prozess zur Herstellung einer Aufdampfmaske aus Nickel.

feld ist quadratisch mit Seitenlängen von 500 μm. Beim Laserschneiden entstehen in rechtwinkligen Ecken Radien von $\approx$ 80 μm, siehe Abb. 3.9a. Hinzu kommen Rauhigkeiten an den Schnittkanten. Außerdem sind Foliendicken unterhalb von 100 μm unüblich und die Stahlfolien sind deshalb steif. Eine deutlich bessere Strukturgenauigkeit kann mit dem Prozess erzielt werden, der in Abb. 3.10 schematisch dargestellt ist. Es handelt sich um eine Abwandlung der Herstellung von Sputtermasken, wie sie am IMT genutzt wird. Nach UV Lithografie mit AZ Fotolack auf einem mit Titan beschichteten Silizium-Wafer wird die Aufdampfmaske galvanisch abgeschieden und nach Entfernung des Fotolacks vom Substrat abgehoben. Ein weiterer Vorteil im Vergleich zu den bisherigen Masken ist, dass die Nickelmasken nur eine Dicke von $\approx$ 30 μm haben und durch ihre Flexibilität ein besserer Kontakt mit dem Substrat hergestellt werden kann. Abb. 3.9 zeigt Mikroskopaufnahmen einer Nickel-Aufdampfmaske zum Vergleich. Für die Masken wird eine Halterung genutzt, die in Bereichen ohne Öffnungen die Maske auf das Substrat drückt. Die Öffnungen dieser Halterung sind quadratisch mit Seitenlängen von 17 mm. Durch den deutlich engeren Kontakt der Aufdampfmaske mit dem Substrat, gelangt das aufgedampfte Material weniger unter die Maske. So wird Keilbildung und das Entstehen inhomogener Schichtdicken vermieden. Außerdem wird die Reproduzierbarkeit der Aufdampfergebnisse deutlich verbessert, da der Abstand der Stahl-Masken zur zu bedampfenden Probe sehr inhomogen ist.

Beim Design der Aufdampfmasken muss beachtet werden, dass beim Heißprägen ein Schrumpfen der Strukturen auftritt. Die Justage der Aufdampfmasken geschieht mit Hilfe eines Mikroskops und unter der Ausnutzung von Justagemarkern. Nach der Justage wird die Maske auf dem Substrat befestigt und in die Halterung eingebaut. Die Justage ist zeitintensiv und sollte deshalb in einer industriellen Fertigung möglichst automatisiert geschehen.

3.4 UV Belichtung für Wellenleiter und Mikrostrukturen

Belichtung mit DUV Strahlung ($\approx 240\,nm$) kann zur Herstellung von Wellenleitern in PMMA genutzt werden [10, 118–120]. Durch die zugeführte Energie werden Estherseitengruppen von PMMA-Molekülketten abgespalten, was zur Ausbildung von Kohlenstoffdoppelbindungen in den Hauptketten führt [10]. Dadurch ändern sich atomare Polarisierbarkeit und Dichte des Materials und der Brechungsindex erhöht sich. Es entsteht ein dielektrischer Wellenleiter mit exponentiellem Brechungsindexprofil, dessen mathematische Beschreibung bereits in Kap. 2.2.3 behandelt wurde. Die Abhängigkeit der Brechungsindexänderung an der Oberfläche Δn von der Dosis w ist in [119] gegeben und beträgt für die dort angegebene maximale Belichtungsdosis von $8\,J/cm^2$ und $\lambda = 633\,nm$: $\Delta n = 0{,}0012$. Indem man die Belichtung durch eine Quarz-Chrom-Fotomaske durchführt, kann man Streifenwellenleiter erzeugen, siehe Abb. 3.11a.

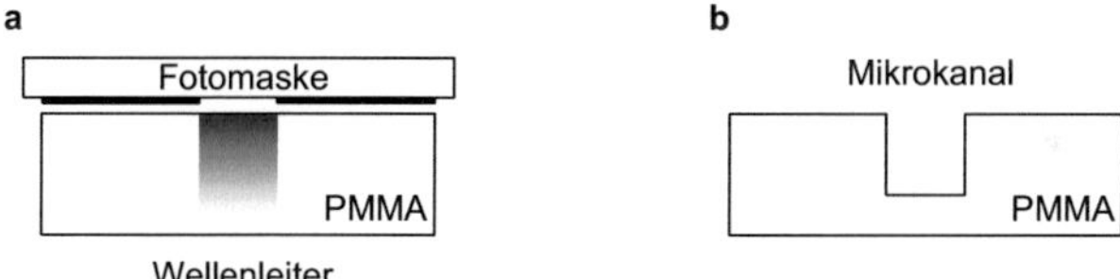

Abb. 3.11: a) Schematische Darstellung der DUV Belichtung durch Fotomasken zur Herstellung von Wellenleitern in PMMA und b) optionale anschließende Entwicklung zur Herstellung von Mikrokanälen.

In dieser Arbeit wurden Wellenleiterbreiten von 4 μm und größer mit Hilfe eines EVG 620 Mask Aligner erzeugt. Es tritt ein Einsinken der Oberfläche der belichteten Bereiche auf, dessen Tiefe vom verwendeten PMMA-Typ abhängt. Für Hesa-Glas VOS PMMA gilt für die Einsinktiefe d_t für Belichtungsdosiswerte $w \leq 5\,J/cm^2$:

$$d_t \approx 0{,}24\,\frac{\mu m}{J/cm^2} \cdot w\,, \tag{3.1}$$

siehe [14]. Mit derselben Methode können auch Mikrofluidikkanäle wie in Abb. 3.11b hergestellt werden, indem nach der Belichtung durch eine Fotomaske die belichteten Strukturen mit MIBK, IPA oder GG-Entwickler (benannt nach Ghica und Glashauser [121]) heraus entwickelt werden [14]. In Hesa-Glas VOS PMMA entstehen bei Belichtungsdosiswerten von $3 - 8 \, J/cm^2$ Kanaltiefen von $\approx 3 - 8 \, \mu m$.

3.5 Dip-Pen Nanolithography mit Phospholipiden

DPN ermöglicht es, Strukturen im Nano- und Mikrometerbereich aus einer großen Vielzahl verschiedener Materialien auf unterschiedliche Substrate aufzutragen [122]. Dabei wird mit Hilfe einer AFM-Nadel (analog zum Schreiben mit einem Stift) eine Tinte auf ein Substrat geschrieben [123, 124]. Linienbreiten bis hinunter zu $\approx 20 \, nm$ sind möglich [125]. Für Biosensoren ist insbesondere die Nutzung von Tinten, die Moleküle enthalten, von Interesse. Per DPN kann z. B. als Tinte wässrige Lösung mit Phospholipiden aufgetragen werden [126]. Dies sind Lipide, die am Aufbau von Zellmembranen beteiligt sind. Sie haben einen hydrophilen Kopf und zwei hydrophobe Kohlenwasserstoffenden. In wässriger Lösung bilden sie Doppellipidschichten. Nach Auftragung durch DPN in der Lösung auf ein Substrat bilden Phopholipide deshalb auch Monolagen oder eine oder mehrere Doppelschichten auf dem Substrat, siehe Abb. 3.12. Diese Schichten können

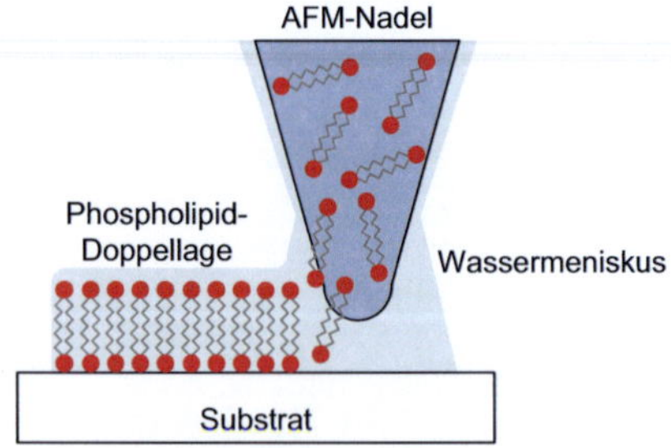

Abb. 3.12: Schema der DPN mit Phospholipiden: Mit einer AFM-Nadel werden Phospholipidlagen (hier ist eine Doppellage angedeutet) in wässriger Lösung, die einen Wassermeniskus bildet, auf ein Substrat geschrieben.

als Funktionalisierung für Biosensoren dienen, denn die Phospholipide lassen sich mit anderen Molekülen chemisch verbinden [127].

4 Integration organischer Laser in Polymer-Chips

In diesem Kapitel wird beschrieben, wie organische DFB Halbleiterlaser und optofluidische Laser in Polymer-Chips integriert werden. Als Polymere werden PMMA und COC verwendet. Diese werden über Heißprägen strukturiert und durch thermisches Bonden verbunden.

Im ersten Teil dieses Kapitels wird die Integration organischer Halbleiterlaser beschrieben, zu deren Herstellung in die Polymer-Chips Alq_3:DCM eingebettet wird. Beim Verschließen über thermisches Bonden kommt der Deckel nicht in Kontakt mit dem aktiven Material. Deshalb bleiben die spektralen Eigenschaften der Laser im Vergleich zu unverkapselten Lasern unverändert. Das Einschließen der Laser führt außerdem zu einer Verlängerung der Lebensdauer. Laser erster und zweiter Ordnung mit verschiedenen DFB Gitterperioden ermöglichen Emission sowohl in der Chipebene als auch senkrecht dazu und außerdem das Abstimmen der Wellenlänge [111, 112].

Im zweiten Teil dieses Kapitels wird die Integration optofluidischer Laser in COC-Chips diskutiert. Mit derselben Herstellungsmethode wie zuvor werden DFB Laser erster Ordnung mit hohen Ausgangspulsenergien gefertigt [110]. Mikrofluidikkanäle werden dazu mit Pyrromethen 597 gelöst in Benzylalkohol gefüllt. Erneut ergeben verschiedene Gitterperioden unterschiedliche Laserwellenlängen. Da die Flüssigkeit durch die Mikrofluidikkanäle gepumpt wird, wird der Farbstoff ständig ausgetauscht. Dadurch erhält man zeitstabile Ausgangspulsenergien.

4.1 Integration organischer Halbleiterlaser

In diesem Abschnitt wird beschrieben wie organische Halbleiterlaser in Polymer-Chips integriert werden, die aus PMMA und COC bestehen. Es werden nur drei Hauptprozessschritte benötigt, um zu strukturieren, das aktive Material zu integrieren und die Laser mit Deckeln aus jeweils dem entsprechend gleichen Substratmaterial zu verkapseln. Zunächst wird die Gestaltung der Laser-Chips begründet und daraufhin ihre Herstellung und Charakterisierung beschrieben.

4.1.1 Gestaltung

Setzt man organische Halbleiterlaser während des Betriebs Luft oder Wasser aus, dann degradieren sie aufgrund von Photooxidation. In der Forschung werden sie deshalb meist in Vakuumkammern untersucht oder während der Charakterisierung mit Stickstoff überspült. Für praktische Anwendungen ist dies allerdings zu aufwendig und kostenintensiv. Darum verkapselt man die Laser. Eine bereits genutzte Möglichkeit dazu ist, organische Halbleiterlaser durch das Aufdampfen einer organischen und einer metallischen Schicht zu verkapseln [128]. Am LTI hat sich die Technik etabliert, Laser innerhalb eines Handschuhkastens mit Stickstoffatmosphäre (englisch: *glovebox*) in Gehäuse aus Glas und Aluminium mit Klebstoff zu verkapseln [72]. Optisch transparenter Klebstoff kann auch direkt zur Verkapselung auf die Laser aufgebracht werden [129]. Diese Methode ist aber nicht für alle Materialien geeignet. Des Weiteren können mit der so genannten „Rapid-Prototyping"-Technik Laser durch Polymerisation einer Deckschicht verkapselt werden. In der zugehörigen Veröffentlichung [130] wird ein Überblick über weitere Verkapselungstechniken vor allem aus dem Bereich organischer Leuchtdioden gegeben.

Alle vorgestellten Techniken können allerdings die Lebensdauer der Laser nur verlängern; sie bleibt weiterhin begrenzt. Lebensdauern wie bei anorganischen Lasern können mit diesen Methoden nicht erreicht werden. Für eine Markteinführung organischer Halbleiterlaser ist der Ansatz, diese als kostengünstige Wegwerfartikel zu fertigen, sehr viel versprechend, denn so können die Proben nach ihrer Degradation einfach ersetzt werden. Konsequenterweise sind die Reduzierung der Materialkosten und die Nutzung massenproduktionstauglicher Herstellungs- und Verkapselungsmethoden erforderlich. Die Kombination aus Heißprägen und thermischem Bonden ist dazu besonders geeignet, denn es können parallel mehrere Chips erzeugt werden. Dass organische Halbleiterlaser nicht elektrisch gepumpt werden können, sondern optisch gepumpt werden, führt auch dazu, dass keine elektrischen Kontakte und weitere organische und leitende Schichten integriert werden müssen, und ergänzt sich somit gut mit den verwendeten Methoden.

Für die Herstellung der polymeren Laser-Chips wurden Hesa-Glas VOS PMMA und Topas 6013 COC jeweils als Substrat- und Deckelmaterial gewählt. Beide Materialien sind vergleichsweise kostengünstig und transparent für sichtbares Licht. Insbesondere COC wird häufig für Lab-on-Chip Systeme eingesetzt [131], weil es im Vergleich zu anderen Polymeren gegen eine Vielzahl von Lösungsmitteln resistent ist; aber auch PMMA wird in diesem Bereich verwendet. Für die Verkapselung ist die Sauerstoffdurchlässigkeit der Polymere wichtig; diese ist für PMMA dreimal geringer als für COC [132].

Die Photodegradation von Farbstoffen geschieht aufgrund der Entstehung von Singulett-Sauerstoff oder reaktiver Radikale [133]. Aufgrund des Förster-Energie-Transfers wird die Photostabilität von Alq_3:DCM durch das Gastmolekül DCM bestimmt [134]. Die Degradation von DCM geschieht wiederum hauptsächlich durch die Entstehung von Singulett-Sauerstoff [135]. Die Degradation von Alq_3 wird z. B. in [136] behandelt, spielt hier aber eine untergeordnete Rolle, da immer zuerst eine Degradation von DCM auftritt.

Will man organische Halbleiterlaser als Freistrahllichtquellen einsetzten, so bieten sich Laser zweiter Ordnung an, denn man erhält gerichtete Emission senkrecht zur Chip-Ebene. Deshalb werden hier zunächst solche Laser untersucht. Die Integration von Lasern erster Ordnung erfolgt analog; die DFB Gitterperiode wird halbiert. Für Gitter zweiter Ordnung ist bekannt, dass die Laser bei einem Tastverhältnis, d. h. dem Quotienten aus Gitterlinienbreite und Gitterperiode, von $\approx 25\%$ bzw. $\approx 75\%$ die geringsten Schwellen aufweisen [137]. Für Laser erster Ordnung sind $\approx 50\%$ optimal. Die Laser werden innerhalb von Vertiefungen ($\approx 1,6\ \mu m$) platziert und mit einem Deckel verkapselt. Die Länge und Breite der Vertiefung, die vollständig mit einem DFB Gitter an ihrem Boden versehen sind, betragen jeweils $\approx 500\ \mu m$ für Laser zweiter Ordnung. Bei Lasern erster Ordnung wird teilweise eine Breite von $300\ \mu m$ verwendet. Die Tiefe der DFB Gitter beträgt $70 - 140\ nm$. Laseremission wurde auf Gitterperioden von $378\ nm$ bis $428\ nm$ in $10\ nm$ Schritten (zweite Ordnung) und von $189\ nm$ bis $214\ nm$ in $5\ nm$ Schritten (erste Ordnung) vermessen.

4.1.2 Herstellung

Der Prozess zur Integration organischer Halbleiterlaser besteht aus drei Hauptschritten: 1 Heißprägen der DFB Gitter in Mikrovertiefungen, 2 Aufdampfen von Alq_3:DCM in die Vertiefungen durch eine Schattenmaske und 3 thermisches Bonden des Deckels. Diese Schritte sind schematisch in Abb. 4.1 gezeigt. Die Prozesse werden mit Sub-

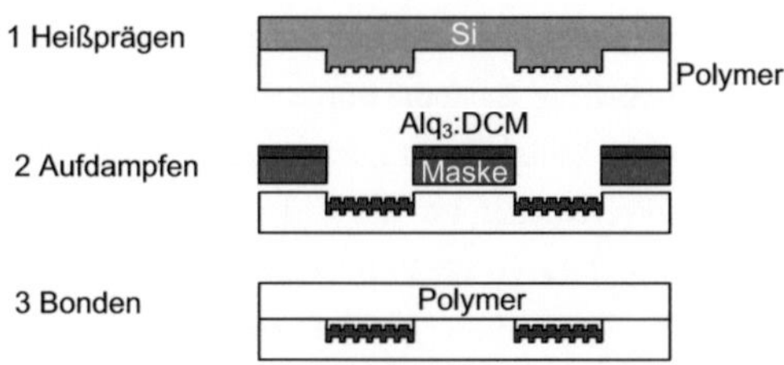

Abb. 4.1: Schema der Hauptschritte des Herstellungsprozesses: Heißprägen, Aufdampfen von Alq$_3$:DCM und Verkapseln durch thermisches Bonden.

straten durchgeführt, die ungefähr die Größe eines 4-Zoll Wafers haben. Als Stempel-material wird Silizium verwendet; Details dazu wurden bereits im Kap. 3 behandelt. Entscheidend für die Verkapselung ist, dass die Kammer der Heißprägeanlage vor dem Bonden evakuiert wird. Zusätzlich wird sie vor dem Evakuieren mit Stickstoff gespült, um möglichst wenig Sauerstoff in der Kammer zu hinterlassen. Der minimal mögliche Druck, der mit der verwendeten Heißprägeanlage (Jenoptik HEX 03) möglich ist, beträgt 5 *mbar*.

Nach dem Bonden werden mit Hilfe einer Wafersäge die Substrate in Chips der Größe von Mikroskopdeckgläschen (Fläche 18×18 *mm*^{2}) vereinzelt. Ein Foto zweier Laser-chips aus PMMA und COC ist in Abb. 4.2 gezeigt. Zusätzlich ist hier eine Mikrosko-paufnahme eines verkapselten Lasers zu sehen. Anhand der unterschiedlichen Farben durch Interferenz an dünnen Schichten erkennt man, dass der Deckel nicht in Kontakt mit dem Alq$_3$:DCM ist und dass in den Randbereichen die Schichtdicke abnimmt. Die Dicke der Chips ist unterschiedlich: Für PMMA wird als Ausgangsmaterial für Deckel und Substrat eine Dicke von 500 μm verwendet, da dies die dünnsten Halbzeuge waren, die zum Zeitpunkt der Prozessentwicklung zur Verfügung standen. Dünnere Halbzeu-ge haben den Vorteil, dass beim Heißprägen weniger Material nach außen fließen kann. Deshalb wird im Falle von COC eine Halbzeug der Dicke 100 μm verwendet. Um den Chips nach der Fertigung genügend Stabilität zu verleihen, wird für Deckel bevorzugt eine Dicke von 250 μm genutzt, denn bei Deckeln der Dicke 100 μm tritt nach dem Bonden teilweise eine unerwünschte Krümmung der Chips auf. Abb. 4.3 zeigt AFM-Aufnahmen der DFB Gitter vor dem Aufdampfen am Beispiel von PMMA. Für die COC Substrate ist die Qualität vergleichbar.

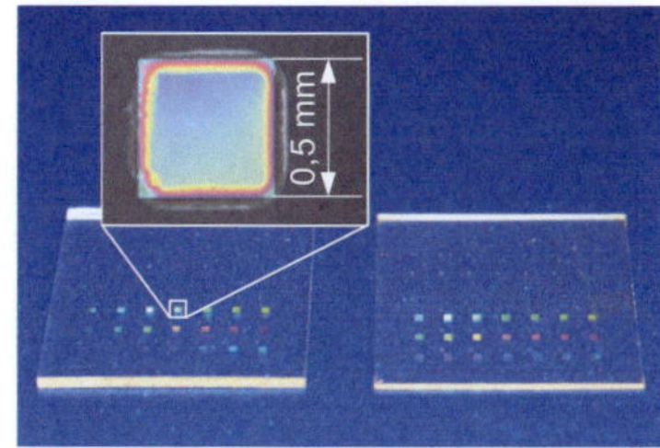

Abb. 4.2: Foto zweier Chips (links PMMA, rechts COC) der Größe von Mikroskopdeckgläschen ($18 \times 18\ mm^2$) mit Mikroskopaufnahme eines verkapselten Lasers. Die Laser zweiter Ordnung können anhand des Lichts identifiziert werden, das durch ihre DFB Gitter in Richtung der Kamera gebeugt wird.

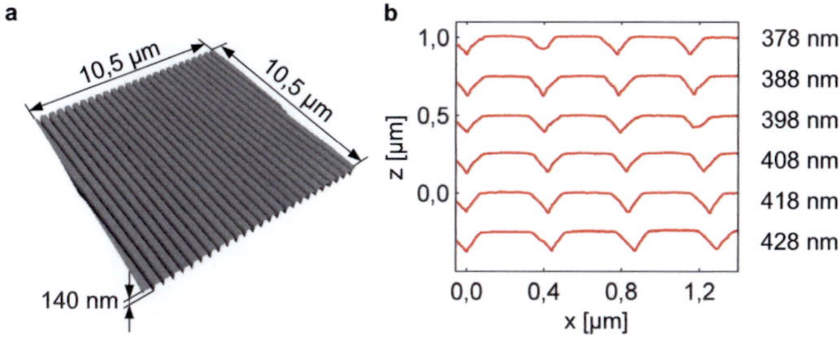

Abb. 4.3: a) AFM-Aufnahme eines DFB Gitters auf PMMA. Die Tiefe der Strukturen beträgt hier $\approx 140\ nm$. b) AFM-Aufnahmen von sechs verschiedenen DFB Gittern unterschiedlicher Gitterperiode auf einem PMMA-Substrat.

4.1.3 Charakterisierung

Zur Charakterisierung der organischen Halbleiterlaser-Chips werden die Laser mit einem aktiv gütegeschalteten frequenzverdreifachten Nd:YLF Laser (Modell Newport Scientific Explorer) gepumpt. Der entsprechende Messaufbau ist in Abb. 4.4 schematisch dargestellt und in Abb. 4.5 sind Fotos des Aufbaus zu sehen.

Der Pumplaser emittiert Pulse bei einer Wellenlänge von 349 *nm* mit einer Pulslänge von < 5 *ns*. Der Durchmesser des Pumpstrahls auf der Probe wird mit Hilfe von Linsen zu $\approx 400\ \mu m$ (Laser zweiter Ordnung) oder $\approx 300\ \mu m$ (Laser erster Ordnung, die in Richtung der Gitterlinien nur 300 *μm* breit sind) justiert. Dies wird mit Hilfe

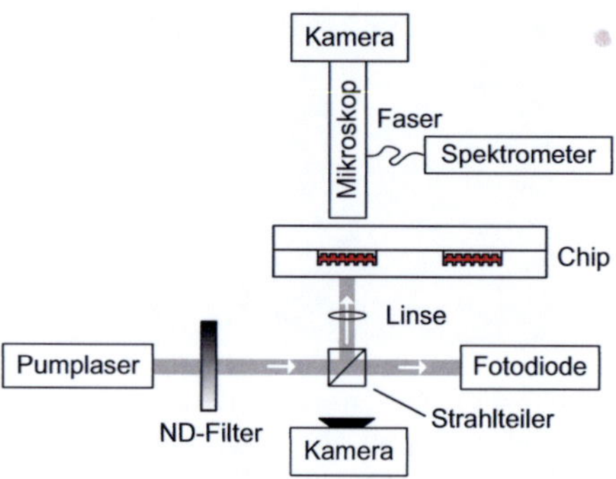

Abb. 4.4: Schema des Aufbaus zur Charakterisierung organischer Halbleiterlaser (ND steht hier für den englischen Ausdruck *neutral density*).

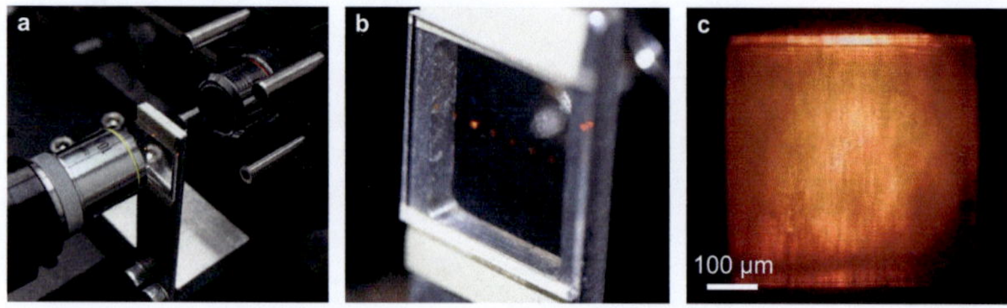

Abb. 4.5: Bilder des Aufbaus zur Charakterisierung organischer Halbleiterlaser. a) Laserchip zwischen Objektiv zum Pumpen (rechts) und Mikroskop zum Beobachten (links). b) Laserchip aus PMMA mit aktivem Laser. c) Mikroskopaufnahme eines aktiven Lasers.

einer Kamera kontrolliert. Abb. 4.5c zeigt exemplarisch eine Aufnahme eines aktiven Lasers zweiter Ordnung mit dieser Kamera. Man erkennt, dass die gesamte aktive Fläche zur Emission angeregt wird. Die Laser werden von der Substratseite aus gepumpt. Auf diese Weise werden unnötige Verluste vermieden, die entstehen würden, wenn von der Deckelseite aus der Pumpstrahl noch den evakuierten Spalt und damit mehr optische Grenzflächen passieren müsste. Die Pumppulsenergie wird mit einem Pulsenergiemeter kontrolliert (Coherent LabMax-TOP, J-10MT-10 kHz EnergyMax Pyroelectric Sensor). Mit diesen Messwerten wird eine Fotodiode kalibriert, die während der Messung dazu dient, die aktuelle Pulsenergie aufzunehmen. Dazu wird durch einen Strahlteiler ein Teil des Pumpstrahls auf die Fotodiode gelenkt. Die Pulsenergie selbst wird mit einem variablen Graufilter variiert, um Laserschwellen aufzunehmen. Ein Mikroskop auf der Deckelseite der Chips wird genutzt, um das Licht der organischen Halbleiterlaser aufzufangen und in eine Glasfaser zu koppeln. Sie leitet das Licht zu einem Spektrographen (Acton Research SpectraPro 300i mit verschiedenen Gittern), der an eine CCD-Kamera (englisch: *charge coupled device* (CCD)) angeschlossen ist.

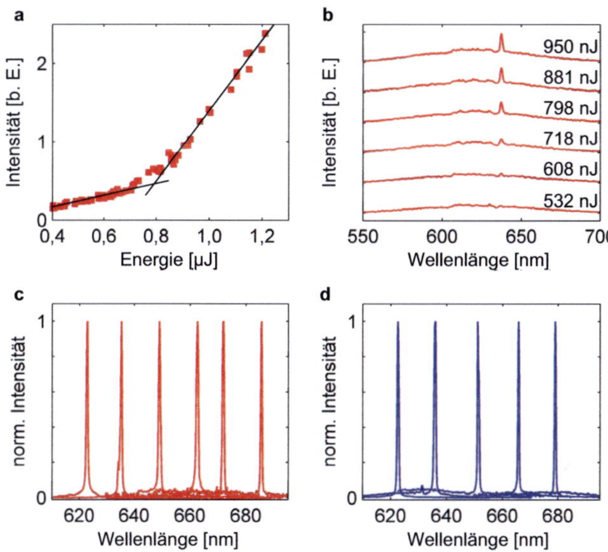

Abb. 4.6: a) Kennlinie eines verkapselten PMMA-Lasers mit einer Gitterperiode von 388 *nm* und b) entsprechende Spektren desselben Lasers für ausgewählte Pumpenergien. c) Spektren verschiedener Laser weit oberhalb der Schwelle eines PMMA Chips. Gitterperioden sind 378, 388, 398, 408, 418, und 428 *nm*. d) Spektren eines COC Chips mit den Gitterperioden 378, 388, 398, 408 und 418 *nm*.

Mit diesem Aufbau lassen sich Kennlinien wie z. B. diejenige in Abb. 4.6a für einen Laser in einem PMMA-Chip mit einer Gitterperiode von 388 *nm* aufnehmen. Die Kennlinien folgen aus den aufgenommenen Spektren, siehe Abb. 4.6b. Hier erkennt man, dass die Laserschwelle bei $\approx 0,7\ \mu J$ liegt. Abb. 4.6c, d zeigen Spektren von Lasern mit verschiedenen Gitterperioden (vergleiche Abb. 4.3) in jeweils einem Chip aus PMMA und COC. In beiden Graphen zusammen sind Laserwellenlängen im Bereich $623 - 685\ nm$ gezeigt. Das Laserlicht ist TE polarisiert, denn die Moden dieser Polarisation haben geringere Verluste als TM Moden und ihre Schwelle ist deshalb niedriger [11].

Auch für Laser erster Ordnung wurden für Perioden von $189\ nm$ bis $214\ nm$ die entsprechenden Emissionswellenlängen wie in Abb. 4.6 erhalten. Abb. 4.7a zeigt die Kennlinien eines Lasers erster Ordnung in einem PMMA-Chip, der bei $\lambda = 635\ nm$ (TE) und bei $\lambda = 624\ nm$ (TM) emittiert. Hier wurde ein Pumpstrahldurchmesser von $300\ \mu m$ verwendet. Man erkennt an den beiden Kennlinien, dass erst deutlich oberhalb der Schwelle der TE Mode Laserlicht der TM Mode emittiert wird. Für diese Kennlinien wurde das Spektrum ohne Polarisator aufgenommen. Die Polarisation der beiden Laserlinien belegt die Aufnahme eines Spektrums eines weiteren Lasers mit einem Polarisator unter TE und TM Orientierung, siehe Abb. 4.7b. Bei allen untersuchten Lasern erster Ordnung konnten TM Moden erst oberhalb der TE Schwellen gemessen werden. Bei Lasern zweiter Ordnung wurden nur in wenigen Fällen TM Moden beobachtet, was auf die höheren Schwellen durch den zusätzlichen Verlust der ersten Bragg-Ordnung zurückgeführt werden kann.

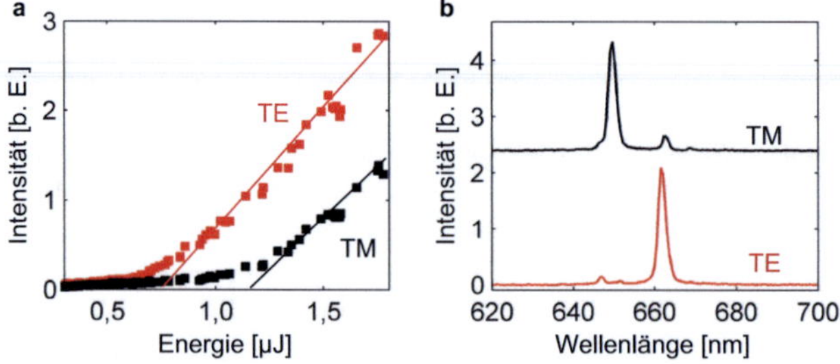

Abb. 4.7: a) Kennlinie der TE ($\lambda = 635\ nm$) und TM ($\lambda = 624\ nm$) Moden eines verkapselten PMMA-Lasers erster Ordnung und b) Spektren eines weiteren PMMA-Lasers erster Ordnung. Polarisationsfilterung zeigt, dass dieser Laser sowohl eine TE Mode bei $\lambda = 661\ nm$ als auch eine TM Mode bei $\lambda = 650\ nm$ aufweist.

Die Schwellen von Lasern basierend auf Alq$_3$:DCM sind im Allgemeinen niedrig. Zum einen wegen der geringen Selbstabsorption zum anderen wegen der effektiven Absorption der Pumpstrahlung: Bei einer Wellenlänge von $\lambda = 355$ *nm* beträgt der Absorptionskoeffizient von Alq$_3$ $\alpha = 3,8 \cdot 10^4$ *cm^{-1}* [138]. Nach dem Lambert-Beerschen Gesetz gilt für die Absorption einer Schicht der Dicke d

$$\frac{I_{abs}}{I_0} = [1 - \exp(-\alpha d)] \ . \tag{4.1}$$

Für $d = 350$ *nm* erhält man somit eine Absorption von $\approx 74\%$.

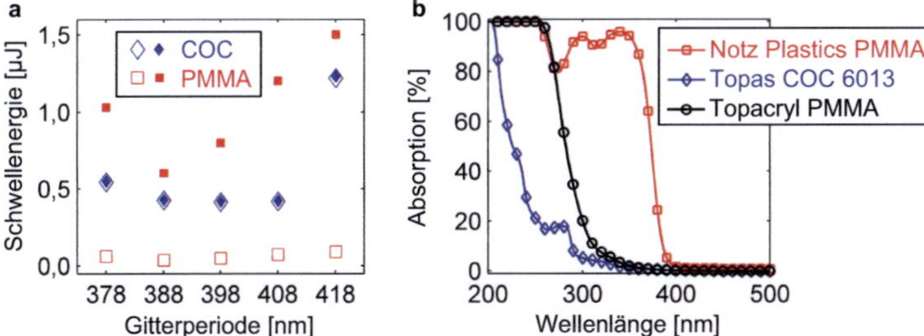

Abb. 4.8: a) Schwellenergien von PMMA und COC Lasern für Gitterperioden von $378 - 418$ *nm*. Die Schwellen der Chips sind mit gefüllten Symbolen dargestellt; die korrigierten Schwellen mit offenen. b) Absorption der Substrate im Bereich der Pumpwellenlänge für Topas COC 6013 $(0, 1$ *mm* dick) Notz Plastics Hesa-Glas PMMA VOS $(0, 5$ *mm* dick) und Topacryl PMMA „UV pass" $(1$ *mm* dick).

Die Schwellen der Laser zweiter Ordnung sind mit denen von Lasern erster Ordnung vergleichbar. Die zugehörigen Schwellen der Laser-Chips mit Lasern zweiter Ordnung aus Abb. 4.6c, d sind in Abb. 4.8a als gefüllte Symbole gezeigt. Diese Pulsenergien sind aber nicht die tatsächlichen Energien, die die aktiven Filme erreichen. Sowohl PMMA als auch COC absorbieren einen Teil der Pumpstrahlung. Die Absorption eines Hesa-Glas PMMA VOS Substrates beträgt bei der Pumpwellenlänge 94%; die eines COC Substrates dagegen nur 1%. Die Transmission durch diese Substrate wurde mit einem Photospektrometer (Perkin Elmer, Lambda 1050) gemessen und daraus jeweils die Absorption mit Hilfe der bekannten Brechungsindizes berechnet, indem ein Fabry-Pérot-Etalon angenommen wurde und über die errechnete Transmission gemittelt wurde. Diese ist in Abb. 4.8 als Funktion der Wellenlänge aufgetragen. Hier sieht man auch, dass es z. B. von der Firma Topacryl PMMA-Material gibt, das weniger Pumplicht absorbiert. Es wurde allerdings Hesa-Glas PMMA VOS genutzt, weil insbesondere am IMT umfangreiche Erfahrungen für die Herstellung von Wellenleitern und das Heißprägen mit diesem Material vorliegen. Aus den Daten der Absorptionskurven werden die tatsächlichen Schwellenergien berechnet, die ebenfalls in Abb. 4.8a aufgetragen sind (offene Symbole). Auf diese Weise erhält man für PMMA deutlich niedrigere Schwellen als für COC. Dagegen sind für unverkapselte Laser, die im Vakuum von der Alq_3:DCM-Seite gepumpt werden, die Schwellenergien auf beiden Substratmaterialien vergleichbar [12]. Der beobachtete Unterschied im verkapselten Fall ist wahrscheinlich auf den Bond-Prozess zurückzuführen. Während dieses Prozesses werden die COC-Laser auf 110 $^\circ C$ aufgeheizt, was zur thermischen Degradation von Alq_3:DCM geführt haben könnte. Diese Temperatur ist für eine ausreichende Haftung erforderlich und kann nicht problemlos reduziert werden. Die Verwendung von Topas 8007 COC, das ein geringere Glasübergangstemperatur hat, könnte Abhilfe schaffen. Die PMMA-Laser müssen im Gegensatz zu den Topas 6013 COC Substraten bei diesem Prozessschritt nur auf 78 $^\circ C$ aufgeheizt werden, um eine ausreichende Haftung zu erzielen.

Die Lebensdauer der verkapselten Laser wurde untersucht, indem diese mit ungefähr dem zehnfachen ihrer Schwellenergie bei einer konstanten Pulswiederholrate von 1 kHz gepumpt wurden. Unverkapselte PMMA Laser wurden zum Vergleich ebenfalls untersucht. Für den unverkapselten Laser in Abb. 4.9 wurde alle 100 Pulse und für die verkapselten Laser alle 4000 (PMMA) und alle 5000 (COC) Pulse ein Spektrum aufgenommen. Aus den aufgenommenen Spektren wird jeweils der Wert des Maximums der Laserlinie gesucht und dann wird über die gesamte Laserlinie aufintegriert. Die erhaltenen integrierten Intensitätswerte werden auf den Ausgangswert normiert, um die verschiedenen Laser zu vergleichen. In Abb. 4.9a sind die normierten Intensitätswerte als Funktion der Anzahl der Pumppulse aufgetragen. Im Falle des unverkapselten Lasers fällt hier die Intensität auf die Hälfte des Ausgangswertes nach $0,8 \cdot 10^4$ Pulsen ab. Für den verkapselten COC-Laser geschieht dies erst nach $2,3 \cdot 10^4$ Pulsen und für den verkapselten PMMA-Laser nach $8,4 \cdot 10^4$ Pulsen. Die Lebensdauer hat sich al-

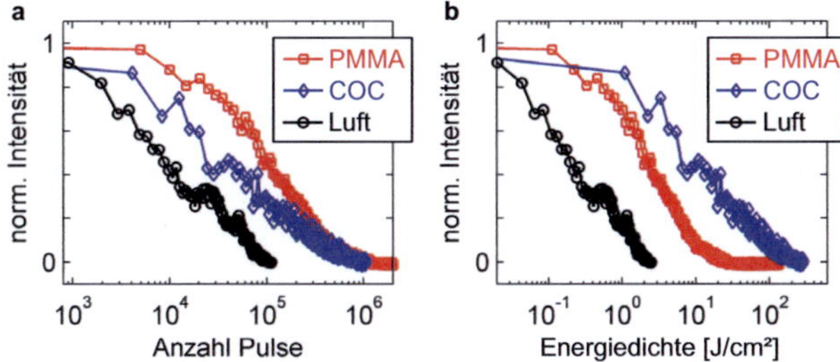

Abb. 4.9: Lebensdauermessung eines unverkapselten PMMA Lasers an Luft und jeweils eines verkapselten Lasers aus COC und PMMA. a) Aufgetragen als Funktion der Pumppulsanzahl und b) als Funktion der eingebrachten Energiedichte.

so als Funktion der Anzahl der Pulse durch die Verkapselung um ca. das drei- bzw. zehnfache verlängert. Die entsprechende Gesamtpulsenergie, die die jeweiligen Laser getroffen hat, beträgt $0,18\ J/cm^2$ für den unverkapselten Laser und $6,18\ J/cm^2$ für den COC-Laser sowie $1,88\ J/cm^2$ für den PMMA-Laser, siehe Abb. 4.9b. Dazu wurde die Substratabsorption wieder heraus gerechnet. Auf diese Weise betrachtet zeigen also verkapselte COC-Laser eine 34-fache Verbesserung und PMMA-Laser eine zehnfache Verbesserung. Nach der Degradation kann bei allen Lasern durch Erhöhung der Pumpenergie wieder Laserlicht erzeugt werden. Die Degradation ist immer noch stärker als bei Lasern, die in einer Vakuumkammer betrieben werden und die eine Lebensdauer von $\approx 10^7$ Pulsen haben können [72]. Diese kann auf eine Restmenge Sauerstoff innerhalb der Kavität oberhalb der aktiven Schicht zurückgeführt werden, denn die Heißprägeanlage erreicht beim Verkapseln der Laser nicht so geringe Drücke wie eine typische Vakuumkammer zur Untersuchung organischer Halbleiterlaser. Außerdem ist es möglich, dass Sauerstoffmoleküle durch Diffusion nachträglich in die Kavität gelangt sind. Allerdings haben Messungen im Abstand von zwei Wochen, während derer die Proben an Luft gelagert wurden, keine Veränderung gezeigt, weshalb dieser Effekt nur geringe Auswirkungen zu haben scheint. Bei der Verkapselung mit Klebstoff wird eine Blauverschiebung beobachtet [129]. Diese tritt auch hier auf und beträgt $\approx 0,02\ nm/10^5$ Pulse für den PMMA Laser und $\approx 5,2\ nm/10^5$ Pulse für den COC Laser. Beim unverkapselten Laser wird eine Verschiebung von $\approx 2,6\ nm/10^4$ Pulse gemessen. Die Effizienz der Laser beträgt, wiederum bei Korrektur der Pumpenergie, $\approx 1\%$ für PMMA und $\approx 0,7\%$

für COC. Organische Halbleiterlaser zeigen im Vakuum nahezu temperaturunabhängige Eigenschaften zwischen $0 - 140\,°C$ [139]. Aufgrund von etwas Sauerstoff in den Laser-Chips muss aber mit steigender Temperatur eine stärkere Degradation als im Vakuum erwartet werden.

4.2 Integration optofluidischer Farbstofflaser

In diesem Abschnitt wird beschrieben, wie optofluidische DFB Farbstofflaser erster Ordnung ebenfalls in COC-Chips integriert werden. Die Laser sind so ausgelegt, dass hohe Pulsenergien mit unterschiedlichen Wellenlängen möglich sind. Im Folgenden wird erneut zunächst die Ausgestaltung und anschließend die Herstellung und Charakterisierung der Laser behandelt.[1]

4.2.1 Gestaltung

Optofluidische DFB Laser (siehe Kap. 2.3.2) bestehen aus einem Mikrofluidikkanal, der einen Wellenleiter mit flüssigem Kern und aufgrund einer Strukturierung des Kanals einen DFB Resonator bildet, durch den ein Lösungsmittel mit einem darin gelösten Farbstoff fließt. Dieses Lösungsmittel ist meistens ein Alkohol, z. B. Methanol oder Ethanol. Das Lösungsmittel beeinflusst die Eigenschaften des Laserfarbstoffes stark [79]. Eine hohe Polarität des Lösungsmittels hat eine Vergrößerung der Stokes-Verschiebung des Farbstoffes und eine Verschiebung des Farbstoffverstärkungsspektrums in Richtung längerer Wellenlängen zur Folge. Außerdem beeinflussen auch die Viskosität und der Brechungsindex des Lösungsmittels die Eigenschaften des Lasers. Für hohe Ausgangspulsenergien ist eine hohe Farbstoffkonzentration prinzipiell von Vorteil. Allerdings tritt ab einer bestimmten Konzentration ein starke Reduktion der Quanteneffizienz der Farbstoffmoleküle auf [79, 140]. Dies wird auf die Bildung von Dimeren und Trimeren zurückgeführt, die sich aus den Farbstoffmolekülen bilden und die nicht zur Laserstrahlung beitragen. Mit den Lösungsmitteln Benzylalkohol und Ethylenglykol und dem Farbstoff Rhodamin 6G lassen sich niedrigschwellige abstimmbare optofluidische Farbstofflaser realisieren [87]. Deshalb wurden diese Lösungsmittel hier untersucht. Als Farb-

---

[1] Dies wurde an der DTU am Institut für Mikro- und Nanotechnologie, DTU Nanotech, und in den Laboren von DTU Danchip durchgeführt.

stoff kommt Pyrromethen 597 zum Einsatz, der sich als sehr effizient in Festkörper-Farbstofflasern herausgestellt hat [52].

Da PMMA von Benzylalkohol und Ethylenglykol gelöst wird, eignet sich COC, das nicht angegriffen wird, deutlich besser als Substratmaterial für optofluidische Farbstofflaser. Der Brechungsindex von COC beträgt für sichtbares Licht $\approx 1,53$; der von Benzylalkohol beträgt $1,538$ bei $25\ ^\circ C$ und $589\ nm$ [141]. Der Brechungsindex von Ethylenglykol beträgt $1,43$. Durch Mischung beider Flüssigkeiten kann der Brechungsindex zwischen $1,43$ und $1,54$ beliebig eingestellt werden [79]. Die Flüssigkeit im Mikrofluidikkanal soll einen monomodigen optischen Wellenleiter mit flüssigem Kern bilden. Der Kern ist von beiden Seiten von Polymer umgeben, siehe Abb. 2.5 (rechts), und es handelt sich somit um einen symmetrischen Wellenleiter, der immer eine Fundamentalmode führt, siehe Kap. 2.2.2. Allerdings muss dazu der Brechungsindex des Kerns größer sein als der der Umgebung, so dass nur ein kleiner Anteil Ethylenglykol zu Benzylalkohol gemischt werden könnte. Außerdem ist die maximale Tiefe der DFB Gitterlinien begrenzt, denn Strukturen mit sehr hohen Aspektverhältnissen lassen sich nur schwer großflächig abformen.

Je geringer der Schwellverstärkungskoeffizient γ_s ist, desto niedriger ist die erforderliche Pumppulsenergie um die Laserschwelle zu erreichen. Dieser Koeffizient folgt näherungsweise aus der Lösung der Gleichung

$$\frac{\exp\left(2\gamma_s L\right)}{\gamma_s^2 + \Delta\beta^2} = \frac{4}{\kappa^2}\,, \tag{4.2}$$

siehe Gl. (2.40), mit der Gitterlänge L und $\Delta\beta$ definiert über Gl. (2.32). Nimmt man an, dass die Wellenlänge λ, L und $\Delta\beta$ konstant sind, dann wird γ_s nur durch die Koppelkonstante κ bestimmt. Mit diesen Annahmen kann zwar der tatsächliche Wert des Verstärkungskoeffizienten nur sehr grob abgeschätzt werden, dafür lässt sich aber seine relative Abhängigkeit von der Gestaltung des Lasers untersuchen. Aus Gl. (2.33) ist ersichtlich, dass κ mit zunehmender Gittertiefe a und abnehmender Wellenleiterfilmhöhe d zunimmt. Die Auswirkungen dieses Zusammenhangs auf γ_s sind in Abb. 4.10a, b jeweils für eine konstante Gittertiefe a und eine konstante Wellenleiterfilmhöhe d für einen Schichtwellenleiter bestehend aus reinem Benzylalkohol umgeben von COC gezeigt.

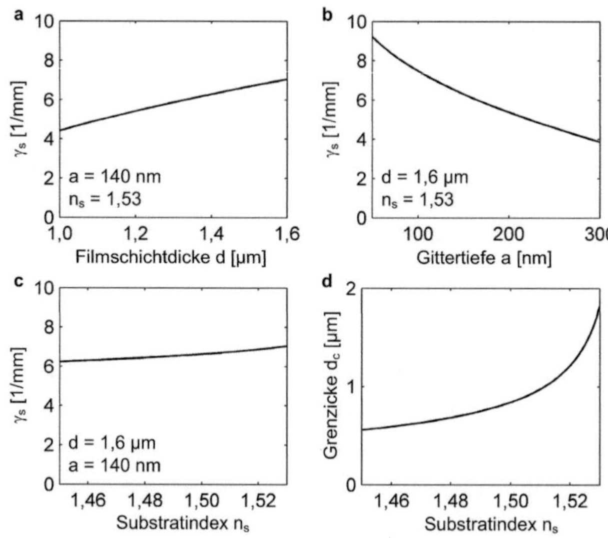

Abb. 4.10: a) Näherungslösung für den Schwellverstärkungskoeffizient γ_s für ein COC-Substrat ($n_s = 1.53$) und einen Benzylalkoholkern ($n_f = 1.538$) als Funktion der Wellenleiterfilmhöhe d und konstante Gitterhöhe $a = 140\ nm$ und b) als Funktion der Gittertiefe a für konstante Wellenleiterfilmhöhe $d = 1,6\ \mu m$. c) Schwellverstärkungskoeffizient γ_s als Funktion des Substratindex n_s für konstante Gittertiefe und Filmdicke und d) entsprechende Grenzdicke d_c der Wellenleiter. (Für die Wellenlänge wurde $\lambda = 570\ nm$ verwendet.)

Auch durch Erhöhung des Brechungsindexkontrastes durch die Verwendung eines Substrat- und Deckelmaterials mit niedrigerem Brechungsindex n_s als COC kann die Schwelle gesenkt werden, wie es an der Näherungslösung in Abb. 4.10c zu sehen ist. Wird ein geringerer Substratindex verwendet, muss aber auch ein schmalerer Wellenleiterfilm gewählt werden, damit nur die Fundamentalmode geführt wird, wie es in Abb. 4.10d an der Auftragung der Grenzdicke d_c nach Gl.(2.14) zu erkennen ist. Damit nimmt aber das verfügbare aktive Volumen ab, was der Zielsetzung von Lasern mit hohen Pulsenergien widerspricht. Die Grenzdicke, unterhalb derer ein symmetrischer Wellenleiter für ein COC-Substrat monomodig ist, beträgt bei $\lambda \approx 570\ nm$ mit $m = 1$:

$$d_c = \frac{\lambda}{2\sqrt{n_f^2 - n_s^2}} = 1,8\ \mu m\ .$$

(4.3)

Diese Zusammenhänge führen zu folgender Ausgestaltung der Laser. Es wird reiner Benzylalkohol als Flüssigkeit auf COC-Substrat verwendet und ein Abstimmen der Wellenlänge über die Gitterperiode realisiert. Die Sollfilmdicke wird zu $1,6\ \mu m$ gewählt, um sicher unterhalb der Grenzdicke zu bleiben und trotzdem ein großes aktives Volumen zu erhalten. Zusätzlich hat dieser Wellenleiter eine stärkere Rückkopplung durch ein Gitter der Tiefe $a = 140\ nm$ zur Folge. Diese Gittertiefe wird gewählt, da sie aus den vorherigen Erfahrungen als technologisch machbar erscheint. Diese Parameter sind in Abb. 4.10 deshalb auch als Ausgangswerte für die Variation der Wellenleitereigenschaften gewählt.

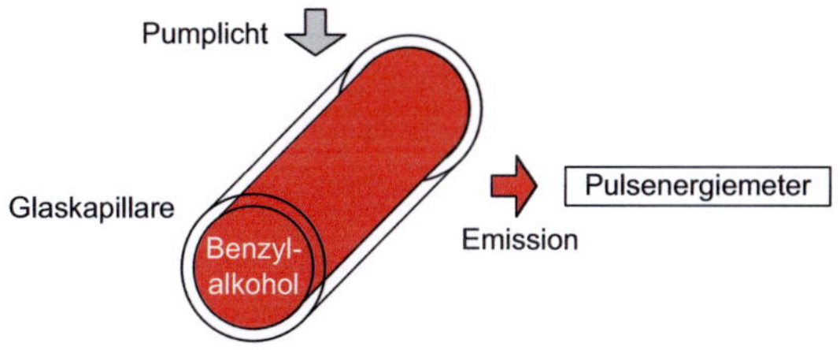

Abb. 4.11: Schematische Darstellung der Versuchsanordnung zur Untersuchung des Einflusses der Konzentration von Pyrromethen 597 in Benzylalkohol. Eine Glaskapillare wird mit der Flüssigkeit gefüllt und mit gepulstem Laserlicht bei 532 nm gepumpt. Emission tritt in alle Richtungen senkrecht zur Kapillarachse auf und wird mit einem Pulsenergiemeter und einem Spektrometer aufgenommen, um festzustellen, bis zu welcher Konzentration Laserlicht erzeugt werden kann.

Um die optimale Farbstoffkonzentration herauszufinden, wird ein Glasröhrchen mit der Lösung durch Kapillarkräfte befüllt. Die Kapillare bildet in ihrem Querschnitt einen rotationssymmetrischen optischen Resonator. Damit kann durch optisches Pumpen des Farbstoffes Laserlicht erzeugt werden, das in alle Richtungen senkrecht zur Längsachse des Röhrchens emittiert wird, wie es in Abb. 4.11 gezeigt ist. Mit zunehmender Farbstoffkonzentration nimmt die Laserausgangsleistung zu, bis man die Schwellkonzentration erreicht, bei der die Quanteneffizienz und damit auch die Ausgangsleistung abnehmen. Die geeignete Konzentration von Pyrromethen 597 in Benzylalkohol wurde aus diesem Experiment durch sukzessive Steigerung der Konzentrationen zu $\approx 5 \cdot 10^{-3}\ mol/l$ bestimmt.

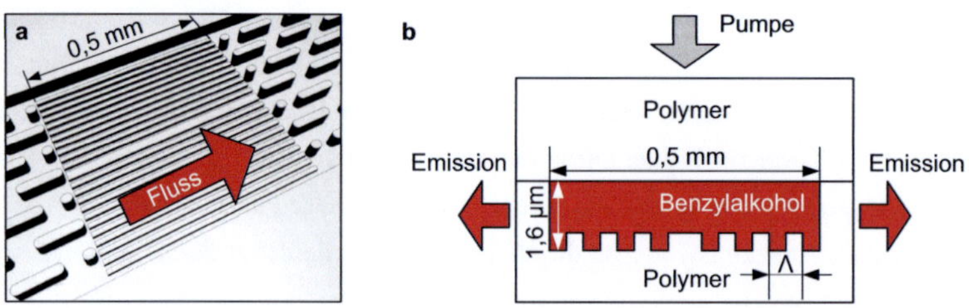

Abb. 4.12: a) Darstellung der Mikrofluidikkanalstruktur eines optofluidischen Lasers mit einem DFB Gitter mit Phasenverschiebung im Zentrum und Stützstrukturen im Kanal. b) Schema eines optofluidischen Farbstofflasers quer zur Flussrichtung: Ein flüssiger Wellenleiterkern befindet sich auf dem DFB Gitter eingeschlossen in zwei COC Folien.

DFB Gitter erster Ordnung lassen die geringste Laserschwelle und -effizienz erwarten und da es bei Ihnen keine Beugungsordnung in eine andere Richtung als in der Wellenleiterebene gibt, kann nahezu das gesamte Laserlicht in dieser Ebene genutzt werden. Bisher konnten optofluidische Laser erster Ordnung in PDMS realisiert werden [85]. Aufgrund der Grenzen der PDMS Abformung zeigten sie allerdings höhere Schwellen als Laser zweiter Ordnung. Im vorherigen Abschnitt wurde bereits gezeigt, dass mit den in dieser Arbeit entwickelten Methoden eine Polymer-Abformung von DFB Gittern erster Ordnung für sichtbares Licht möglich ist. Deshalb wurden hier Gitter erster Ordnung mit Phasenverschiebungen realisiert, um monomodige effiziente optofluidische Farbstofflaser zu erhalten.

Sollgitterperioden von $\Lambda_1 = 185\ nm$ und $\Lambda_2 = 190\ nm$ wurden auf dem Siliziumstempel realisiert. Aufgrund des Schrumpfens der Strukturen beim Prägen erhält man

COC Gitterperioden von $\Lambda_1 = 184\ nm$ und $\Lambda_2 = 189\ nm$. Der effektive Brechungsindex n_{eff} des Wellenleiters folgt aus der Lösung von Gl. (2.8) und beträgt $1,537$. Mit diesem Wert lassen sich dann für die Gitterperioden die zu erwartenden Laserwellenlängen nach (2.30) zu $\lambda_1 = 566\ nm$ und $\lambda_2 = 581\ nm$ berechnen. Um Laser mit hohen Pulsenergien zu erhalten, wird eine möglichst große quadratische Gitterfläche von $500 \times 500\ \mu m^2$ für die Laser gewählt, siehe Abb. 4.12a. Da der Mikrokanal ein ausgesprochen geringes Aspektverhältnis aufweist, sind Stützstrukturen außerhalb des DFB Gitters notwendig, damit er beim Bonden nicht verschlossen wird. Sie sind so ausgelegt, dass sie eine gute Stabilität des Kanals bieten und gleichzeitig den Flüssigkeitsfluss möglichst wenig behindern. Der Mikrofluidikkanal wird durch thermisches Bonden mit einer weiteren COC-Folie verschlossen. Gepumpt wird der Laser senkrecht zur Chip-Ebene und das erzeugte Licht wird in der Chip-Ebene emittiert. Abb. 4.12b zeigt dies schematisch.

4.2.2 Herstellung

Die Integration von optofluidischen Lasern in COC-Chips verläuft analog zur Integration der organischen Halbleiterlaser im vorherigen Abschnitt. Hier gibt es allerdings nur zwei Hauptprozessschritte: 1 Heißprägen mit einem Siliziumstempel und 2 thermisches Bonden des Deckels. Erneut wird Topas 6013 COC der Dicke $100\ \mu m$ (Substrat) und $250\ \mu m$ (Deckel) verwendet. Unterschiedlich ist hier, dass ganze Mikrokanäle mit mehreren DFB Gittern verschiedener Gitterperiode verschlossen werden. In den Deckel werden vor dem Bonden Löcher mit Durchmessern von $\approx 1\ mm$ gebohrt. Für das Bohren wird der Deckel mit Adhäsionsfolie geschützt. Die Löcher sind entsprechend des Layouts im Deckel positioniert und werden vor dem thermischen Bonden von Hand auf die entsprechenden Einlasspositionen auf dem Substrat justiert. Durch Heißprägen strukturierte Gitterstrukturen aus COC sind in Abb. 4.13 gezeigt. Sie sind mit hoher Formtreue übertragen worden und vergleichbar mit abgeformten PMMA-Gittern. Nach dem thermischen Bonden wird das Substrat mit der Wafersäge in Chips der Größe $18 \times 18\ mm^2$ vereinzelt, siehe Abb. 4.14a. Während des durch Kühlflüssigkeit unterstützen Sägens ist darauf zu achten, dass die Einlässe der Kanäle mit Adhäsionsfolie verschlossen werden, damit keine Kühlflüssigkeit oder Sägespäne in die Kanäle geraten. Aufgrund der Stützstrukturen sind die Deckel der Mikrokanäle nur geringfügig durchgebogen und berühren den Kanalboden nicht, wie in Abb. 4.14b zu sehen.

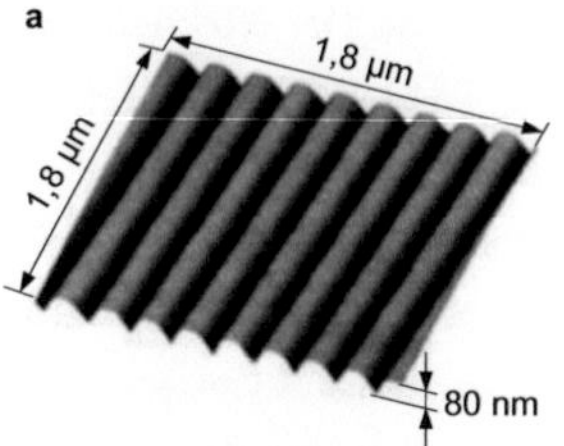

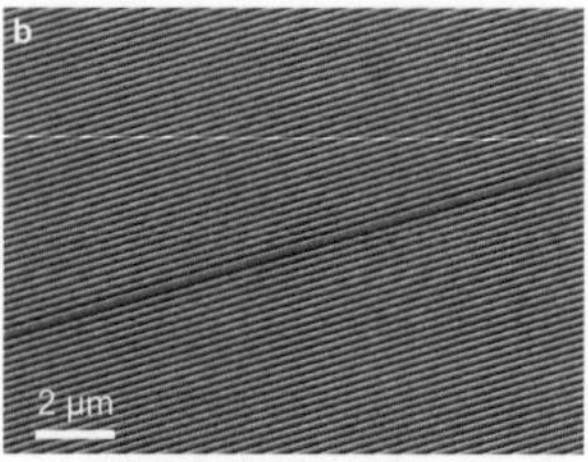

Abb. 4.13: a) AFM Aufnahme von geprägten DFB Gitterlinien in COC. Die AFM Nadel reicht hier nur 80 *nm* tief, weil die Struktur so schmal ist, dass die Nadel aufgrund ihrer Abmessungen den Boden nicht erreichen kann. An breiteren Strukturen auf demselben Substrat wurde eine Tiefe von 140 *nm* gemessen. b) REM-Aufnahme eines DFB Gitters mit Phasenverschiebung unter einem Winkel von 30°.

Abb. 4.14: a) Foto einer Folie (Größe $18 \times 18 \times 0,35\ mm^3$) mit zwei Mikrofluidikkanälen mit jeweils mehreren Lasern. Blaues Licht wird von den DFB Gittern in Richtung der Kamera gebeugt. b) Mikroskopaufnahme eines Mikrofluidikkanals mit DFB Gitter nach dem Bonden.

4.2.3 Charakterisierung

Tests der Stabilität der Mikrofluidikkanäle zeigten, dass Drücke von bis zu 4 *bar* keine Beschädigung hervorrufen. Höhere Drücke konnten nicht angelegt werden, weil die äußeren Verbindungen versagten. Zum Betrieb der Laser ist es aber nicht notwendig, den Mikrofluidikkanal unter so hohen Druck zu setzen. Der Flüssigkeitsfluss wird stattdessen erreicht, indem an einem Einlass mit Hilfe einer Vakuumpumpe ein Unterdruck angelegt wird. Auf diese Weise saugt sich auch automatisch der Pumpenstutzen an die Probe an und es ist keine zusätzliche Befestigung notwendig.

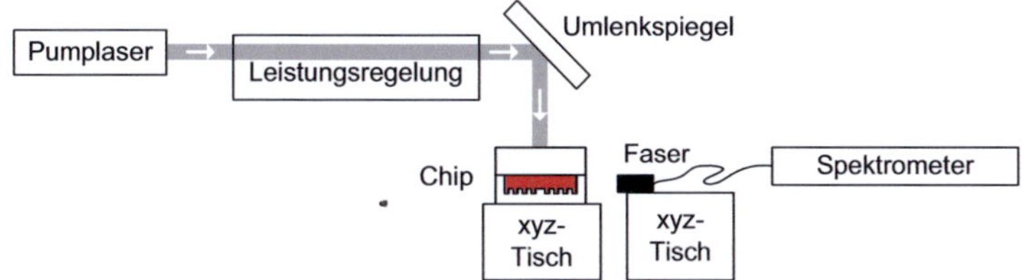

Abb. 4.15: Schematische Darstellung des Aufbaus zur Charakterisierung optofluidischer Laser.

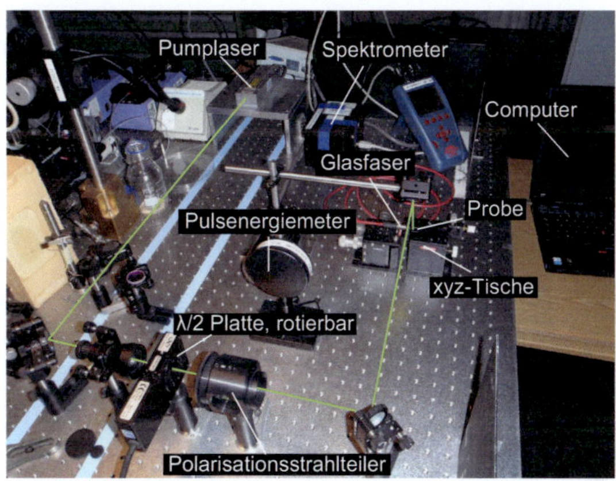

Abb. 4.16: Foto des Aufbaus zur Charakterisierung optofluidischer Laser (Bild: Mads Brøkner Christiansen, DTU Nanotech). Der Strahlengang des Pumplaserlichts ist grün
eingezeichnet.

Die Laser werden, wie in Abb. 4.15 dargestellt, von der Deckelseite mit einem kompakten gütegeschalteten frequenzverdoppelten Nd:YAG Laser (Crystalaser Q-switched
532 nm Nd:YAG) mit Pulslängen $< 15\,ns$ gepumpt. In Abb. 4.16 ist ein Foto des verwendeten Aufbaus gezeigt. Die Mikrokanäle werden durch Kapillarkräfte befüllt. Der Fluss
des Benzylalkohols wird während des Betriebs mit einer Vakuumpumpe (KNF Laboport
N816.3KT.18) hervorgerufen, die einen Unterdruck von $0,02\,bar$ erzeugt.

Spektren von Lasern mit den Gitterperioden Λ_1 und Λ_2 sind in Abb. 4.17a, b aufgetragen. Das Laserlicht wird mit einer Glasfaser mit einem Kerndurchmesser von $600\,\mu m$
(Ocean Optics) eingefangen und mit einem Spektrometer (Ocean Optics HR4000) auf-

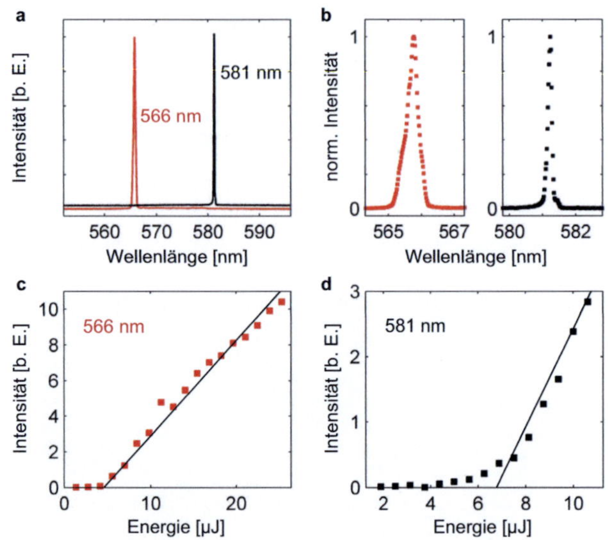

Abb. 4.17: Optische Eigenschaften optofluidischer Farbstofflaser. a, b) Spektren zweier Laser. c) Kennlinie eines Lasers, der bei 566 *nm* emittiert. Auch weit oberhalb der Schwelle ist die Kennlinie linear. d) Kennlinie eines Lasers, der bei 581 *nm* emittiert.

genommen. Die Maxima der Laseremission sind wie erwartet bei 566 *nm* und 581 *nm*. Eine leichte Durchbiegung des Mikrofluidikkanals und eine mögliche Änderung des Brechungsindex der Flüssigkeit durch die Farbstoffmoleküle scheinen keine Rolle zu spielen oder sich gegenseitig auszugleichen. Die entsprechenden Halbwertsbreiten der Laserspektrallinien in Abb. 4.17a, b betragen $0,2$ *nm* und $0,14$ *nm*. Die Schwellenenergien der Laser betragen $\approx 5\ \mu J$ bzw. $\approx 7,5\ \mu J$, siehe Abb. 4.17c, d. Diese Werte werden aus der Gesamtpulsenergie des Pumplasers und der effektiven Pumpfläche berechnet. Diese Fläche ist der Überlapp zwischen Pumpstrahl und Lasergitterfläche. Der Durchmesser des Strahls wird mit einem Messschieber bestimmt und es wird ein Gaußsches Strahlprofil angenommen und in die Berechnung der Energiedichte einbezogen. Die COC-Folie verträgt Pumppulsenergiedichten von bis zu $\approx 25\ mJ/cm^2$, erst dann tritt eine Schwärzung/Verkohlung des Materials auf. Deshalb kann mit sehr hohen Pumpenergiedichten gearbeitet werden. Wird die Gitterfläche eines Lasers, der bei 581 *nm* emittiert, mit $\approx 50\ \mu J$ pro Puls gepumpt, misst man an einer Seite des Laser mit einem Pulsener-giemeter (Ophir Optronics PE9-SH) eine Pulsenergie von bis zu $0,54\ \mu J$. Dazu wird das Pumplicht mit einem Filter geblockt. Da der Laser symmetrisch ist, kann man an-nehmen, dass auch an der anderen Seite dieselbe Pulsenergie emittiert wird. Insgesamt kommt man also auf eine Pulsenergie von mehr als $1\ \mu J$. Die Effizienz dieses Laser ist somit $\approx 2{,}1\%$.

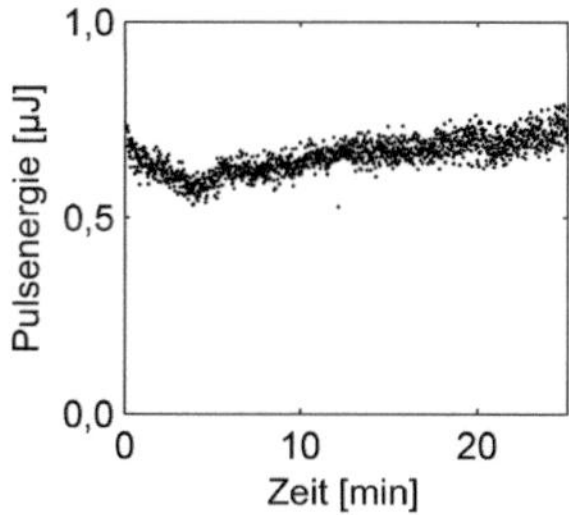

Abb. 4.18: Gesamtpulsenergie eines Lasers, der bei 566 *nm* emittiert, aufgenommen über mehr als 25 min bei einer Pulswiederholrate von 10 *Hz*.

Um eine möglichst zeitstabile Emission zu ermöglichen, wird mit Hilfe einer Zy-linderlinse das rotationssymmetrische Gaußsche Strahlprofil verschmälert. So wird der Laser auf einer Breite von nur $\approx 0,3\ mm$ gepumpt. Die Fließgeschwindigkeit des Ben-zylalkohohl kann aus dem fluidischen Widerstand des Kanals von $\approx 0,07 bar\ s/nl$ (für die Berechnung siehe [142]) und der erzeugten Druckdifferenz an der Einlässen von $0,02\ bar$ zu $0,3\ nl/s$ abgeschätzt werden. Dies entspricht einem vollständigen Austausch des durch den Pumpstrahl beleuchteten Volumens, das $0,24\ nl$ beträgt, innerhalb von we-niger als einer Sekunde. Ein einzelnes Farbstoffmolekül durchläuft also die Laserfläche ein einer Zeit, in der diese von ca. acht Pumppulsen bei einer Pulswiederholrate von 10 *Hz* getroffen wird. Damit kann eine zeitstabile Ausgangspulsenergie erzielt werden. Abb. 4.18 zeigt die Gesamtausgangsenergie der Pulse eines Lasers bei 566 *nm* für mehr als 25 *min*. Die mittlere Gesamtausgangspulsenergie über diese Zeit beträgt $0,66\ \mu J$ mit einer Standardabweichung von $0,05\ \mu J$.

5 Lab-on-Chip System mit integrierten organischen Halbleiterlasern

In diesem Kapitel wird die Realisierung einer Lab-on-Chip Plattform mit integrierten organischen DFB Halbleiterlasern erster Ordnung, UV induzierten Wellenleitern und Mikrofluidikkanälen vorgestellt. Die Chips der Plattform werden in einem parallelen Prozess hergestellt, der aus nur vier Schritten besteht. Es wird gezeigt, wie das Licht der integrierten Laser effizient in UV induzierte Wellenleiter eingekoppelt wird [107, 143] und damit Fluoreszenzmarker in Mikrofluidikkanälen angeregt werden [112]. Im Folgenden wird nach einer Motivation zunächst die Lab-on-Chip Plattform mit integrierten Lasern beschrieben. Danach folgen die Beschreibung der Herstellung sowie Modellrechnungen zur Optimierung der Kopplung zwischen Laser und Wellenleiter. Abschließend werden die Charakterisierung der Chips und die Anregung von Fluoreszenzmarkern gezeigt.

5.1 Motivation und Stand der Technik

Höchst empfindliche und spezifische Detektion sind entscheidend für den erfolgreichen Einsatz von Lab-on-Chip Systemen im Bereich der Biomedizin und Chemie [3, 144]. Die Analyse mit Laserlicht gilt als empfindlichste Methode und bietet zusätzlich kurze Reaktionszeiten [145–147]. Insbesondere zur Anregung von Fluoreszenzmarkern eignet sich Laserlicht, denn es tritt kein Überlapp mit der Markeremission auf und die Laserwellenlänge kann genau auf das Absorptionsmaximum des Markers abgestimmt werden. Dieses Prinzip wird deshalb in der weit verbreiteten Fluoreszenzmikroskopie verwendet. Um von diesen Vorteilen in einem Lab-on-Chip System zu profitieren, kann Licht externer Laser in ein mikrofluidisches System eingekoppelt werden [6]. Dies ist allerdings auch mit Koppelverlusten und meist aufwendiger Justage verbunden. Deshalb wurden in jüngster Zeit Versuche unternommen, Lichtquellen direkt in ein Lab-on-Chip System zu integrieren. So könnten auch parallel mehrere Lichtquellen mit unterschiedlichen Emissionswellenlängen für eine Vielzahl von Analysen auf einem Chip genutzt werden. Um solche Systeme markttauglich zu machen, sollten die Herstellungskosten möglichst gering sein. Dies bedeutet, dass kostengünstige Materialien und ein massentauglicher Prozess verwendet werden sollten. Diesen Anforderungen werden sowohl die organische Optoelektronik als auch die Polymermikrooptik gerecht. In einem Mikrosystem wurden deshalb bereits polymere Nanofasern genutzt, um Fluoreszenz in einem Mikrokanal anzuregen [148]. Außerdem wurde auch die Integration von OLEDs untersucht [149, 150]. Integrierte organische Laser vereinen deren Vorteile massentauglicher Integrationsprozesse und kostengünstiger Materialien mit ihren günstigen spektralen Eigenschaften; daher wurde z. B. bereits die Integration organischer Festkörperlaser mit passiven Polymerwellenleitern realisiert [93]. Außerdem wurden schon Systeme demonstriert, in die gemeinsam mit anderen Komponenten optofluidische Farbstofflaser integriert wurden [80, 81]. Diese Laser wurden allerdings mit Laserlicht der Wellenlänge 532 *nm* gepumpt und emittierten entsprechend der Stokes-Verschiebung der Farbstoffe im langwelligeren sichtbaren Bereich. Dagegen bietet die Nutzung organischer Gast-Wirts-Systeme die einzigartige Möglichkeit, mit einer kompakten UV Pumpquelle mehrere weit abstimmbare Materialien anzuregen und so Laser im gesamten sichtbaren Spektralbereich in ein System zu integrieren.

5.2 Beschreibung der Plattform

Die Lab-on-Chip Plattform, die hier vorgestellt wird, ermöglicht die Herstellung von PMMA-Chips mit integrierten organischen Halbleiterlasern, wie diese bereits in Kap. 4.1 beschrieben wurden. Lab-on-Chip Systeme entstehen daraus durch die zusätzliche Integration von Wellenleitern und Mikrofluidikkanälen, siehe Abb. 5.1. Das Laserlicht wird von den Wellenleitern zu Interaktionszonen, d. h. Kreuzungen von Wellenleitern und Mikrofluidikkanal, geführt. Die organischen Halbleiterlaser müssen optisch gepumpt werden. Dies bedeutet auch, dass sie keine elektrische Kontaktierung benötigen. Die Chips haben auch keine weiteren elektrischen Kontakte. Es wird also kein Detektor, z. B. eine Fotodiode, integriert, sondern diese soll in einem späteren Gesamtsystem genauso wie die Pumplichtquelle zum wieder verwendbaren Umgebungsgerät gehören. Bei diesem Umgebungsgerät könnte es sich z. B. um ein Gerät von der Größe eines Mobiltelefons handeln [151], wenn Pumplichtquelle und Detektoreinheit kompakt genug

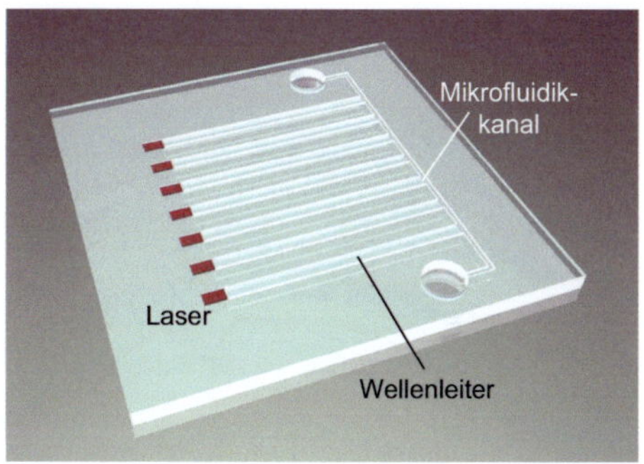

Abb. 5.1: Illustration eines Lab-on-Chip Systems mit integrierten organischen Halbleiterlasern, Wellenleitern und Mikrofluidikkanal. Es hat die Größe eines Mikroskopdeckgläschens.

realisiert werden können. Die Chips würden dann als Wegwerfartikel nach jeder Analyse ausgetauscht. Da organische Halbleiterlaser mit Laserdioden und LEDs gepumpt werden können und zu erwarten ist, dass Laserdioden zukünftig z. B. für Blu-ray Geräte weiterentwickelt werden, werden entsprechende Pumpquellen in Zukunft wahrscheinlich besonders kostengünstig verfügbar sein.

Laser zweiter Ordnung könnten auch zur Fluoreszenzanregung verwendet werden. Allerdings hat die Verwendung von Lasern erster Ordnung den Vorteil, dass das Licht senkrecht zur Richtung abgestrahlt wird, aus der das Pumplicht kommt. So können durch die Wellenleiter das Pumplicht und die Zone, in der das Fluoreszenzlicht aufgenommen wird, räumlich getrennt werden. Zusätzlich wird die Fluoreszenz wiederum aus einer Richtung senkrecht zur Strahlrichtung des organischen Lasers aufgenommen. Dies erlaubt, einen einfachen wellenlängenselektiven Filter zu verwenden, der das Anrege- und Pumplicht blockt.

Die Chip-Herstellung besteht aus vier Hauptprozessschritten, die in Abb. 5.2 schematisch dargestellt sind: 1 Strukturierung mit Mikro- und Nanostrukturen durch Heißprägen, 2 DUV Belichtung zur Herstellung von Wellenleitern, 3 Aufdampfen von Alq_3:DCM auf die DFB Gitter durch eine Schattenmaske und 4 thermisches Bonden eines Deckels zur Verkapselung der Laser und zum Verschließen der Mikrofluidikkanäle. Die Chips bestehen also nur aus PMMA und Alq_3:DCM und keinem weiteren Material. Mehrere Chips werden parallel auf 4-Zoll-Wafer-Größe hergestellt und durch Sägen zur Grö-

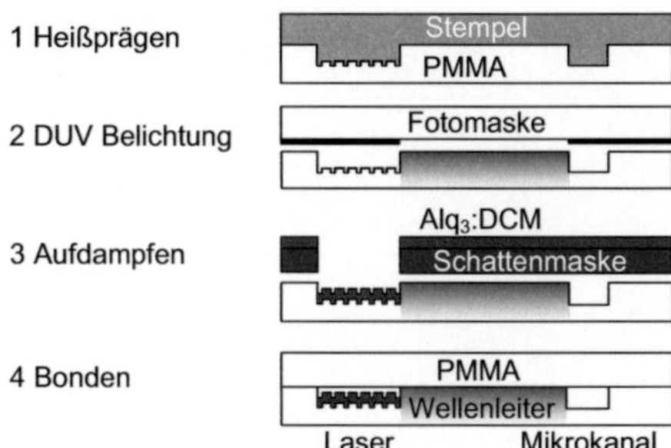

Abb. 5.2: Illustration des Prozesses zur Herstellung von Lab-on-Chip Systemen aus PMMA mit integrierten organischen Halbleiterlasern.

ße von Mikroskopdeckgläschen vereinzelt. Die Plattform bietet eine Vielzahl von Gestaltungsmöglichkeiten der einzelnen Elemente; z. B. die Anzahl und Abmessung der Wellenleiter und Laser oder die Breite und Struktur der Mikrofluidikkanäle. Diese Eigenschaften können somit für verschiedene Anwendungen gezielt angepasst werden.

5.3 Laser-Wellenleiter-Kopplung

In diesem Abschnitt wird die effiziente Integration von organischen Halbleiterlasern und UV induzierten Wellenleitern in PMMA-Substrate behandelt. Dazu wird zunächst die Berechnung der elektrischen Feldverteilung in UV induzierten Wellenleitern und in Wellenleitern der organischen Halbleiterlaser diskutiert. Aufbauend auf diesen Ergebnissen wird gezeigt, dass durch einen Höhenversatz der Wellenleiter zueinander eine verbesserte Kopplung erzielt wird. Die Herstellung der erforderlichen Stufenstruktur wird vorgestellt und die Kopplung von Laserlicht in monomodige UV induzierte Wellenleiter demonstriert.

5.3.1 Modellrechnungen

Für einen UV induzierten Schichtwellenleiter in PMMA ($n_s = 1,486$) kann bei bekannter Brechungsindexänderung an der Oberfläche Δn, die aus der Belichtungsdosis w folgt, die elektrische Feldverteilung der TE Moden wie in Kap. 2.2.3 berechnet werden. Dabei gilt nach [119] für die Eindringtiefe $d_e = 4,5 \ \mu m$. Typischerweise liegen die Be-

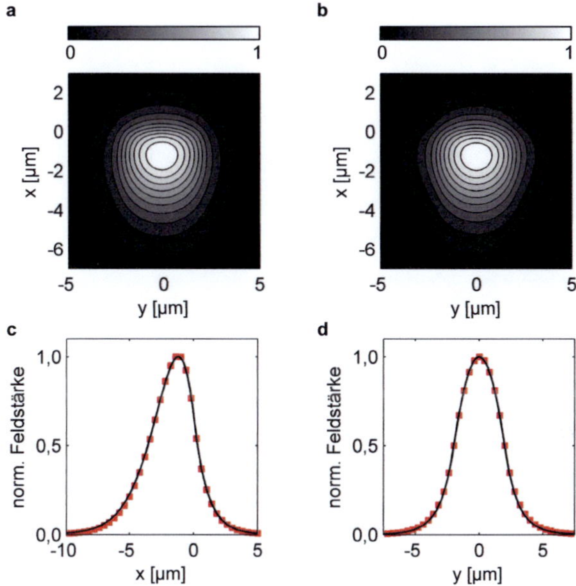

Abb. 5.3: Elektrisches Feld der Fundamentalmode (in beliebigen Einheiten) eines in PMMA eingeschlossenen dielektrischen Wellenleiters der Breite 4 μm mit einem Substratbrechungsindex von $n_s = 1,486$ und einer Brechungsindexänderung an der Oberfläche von $\Delta n = 0,006$. Die Oberkante des Wellenleiters befindet sich bei $x = 0$. a) Lösung mit *Beam Propagation Method* (BPM). b) Näherungslösung nach Gl. (5.4). c) Schnitt bei $y = 0$ zum Vergleich der BPM Lösung (schwarze Linie) und der Näherungslösung (rote Symbole). d) Analoger Schnitt durch das Maximum der Feldverteilung in y-Richtung.

lichtungsdosiswerte zwischen $w = 2 - 4\ J/cm^2$, was Brechungsindexänderungen von $\Delta n = 0,0055 - 0,0094$ entspricht. Im Falle von Streifenwellenleitern ist eine analytische Lösung nicht möglich; die Wellengleichung kann allerdings numerisch gelöst werden. Abb. 5.3a zeigt die Lösung für einen 4 μm breiten Wellenleiter mit $\Delta n = 0,006$, wie sie das Programm *BeamPROP* liefert.

Zum besseren Verständnis dieses Ergebnisses, ist ein Schnitt durch das Maximum des elektrischen Feldes in x-Richtung in Abb. 5.3c als schwarze Linie aufgetragen. Vergleicht man diesen Schnitt in x-Richtung mit der elektrischen Feldverteilung der TE Mode

$$E_y(x) = \begin{cases} J_{2dp_s}(\xi)\exp(-p_c x) & \text{für } x > 0 \\ J_{2dp_s}[\xi \cdot \exp(x/2d_e)] & \text{für } x \leq 0 \end{cases} \tag{5.1}$$

eines UV induzierten Schichtwellenleiters nach Kap. 2.2.3 mit entsprechenden Brechungsindexprofil (rote Symbole in Abb. 5.3c), so erkennt man, dass die Feldverteilung in x-Richtung für Streifenwellenleiter bei $y = 0$ nicht signifikant von der von Schichtwellenleitern verschieden ist. Daraus kann man schließen, dass es zur Optimierung der Kopplung in UV induzierte Wellenleiter aus einem Laser-Schichtwellenleiter ausreicht, ausschließlich Schichtwellenleiter zu betrachten, denn die Ergebnisse sind auf Streifenwellenleiter übertragbar.

Ein Schnitt durch das Maximum des elektrischen Feldes in y-Richtung ist in Abb. 5.3d als schwarze Linie aufgetragen. In dieser Richtung ist das Brechungsindexprofil stufenförmig. Mit roten Symbolen ist hier das elektrische Feld der TE Fundamentalmode eines symmetrischen Schichtwellenleiters

$$E_y(y) = \begin{cases} \exp(-p_s y) & \text{für } 0 < y < \infty \\ \cos p_f y - \frac{p_s}{p_f}\sin p_f y & \text{für } -d \leq y \leq 0 \\ \left(\cos p_f d + \frac{p_s}{p_f}\sin p_f d\right)\exp[p_s(y+d)] & \text{für } -\infty < y < -d \end{cases} \tag{5.2}$$

aufgetragen. Dabei ist $d = 4\ \mu m$ und $p_{f,s}$ sind wie in Kap. 2.2.2 definiert. Die sehr gute Übereinstimmung beider Feldverteilungen in Abb. 5.3d wird erzielt, indem für den Kernindex n_f dieses symmetrischen Schichtwellenleiters die Gewichtung des Brechungsindexprofils $n(x)$ mit dem elektrischen Feld $E_y(x)$ des UV induzierten Schichtwellenleiters in der Form

$$n_f = \frac{\int\limits_{-\infty}^{\infty} E_y(x)\,n(x)\,\mathrm{d}x}{\int\limits_{-\infty}^{\infty} E_y(x)\,E_y^*(x)\,\mathrm{d}x} \tag{5.3}$$

berechnet wird. Normiert und multipliziert man die beiden elektrischen Felder $E_y(x)$ und $E_x(y)$ zu

$$E_y(x,y) = E_y(x)\,E_y(y)\,\frac{m}{V} \tag{5.4}$$

und trägt dies, wie in Abb. 5.3b gezeigt, auf, so erkennt man eine sehr gute Übereinstimmung mit der Feldverteilung in Abb. 5.3a. Allerdings sind insbesondere in den Randbereichen leichte Unterschiede zu erkennen, denn diese Feldverteilung ist keine exakte Lösung der Wellengleichung (2.2). Sie entspricht der Näherungslösung einer QTE Fundamentalmode eines stufenförmigen Streifenwellenleiters wie z. B. in [32] diskutiert.

Um die Stirnkopplung von Licht aus einem Laserwellenleiter in einen UV induzierten Wellenleiter zu optimieren, muss der Überlapp der beiden Wellenleitermoden maximiert werden. Dazu werden die Wellenleiter in x-Richtung zueinander ausgerichtet. Schematisch ist die Anordnung der Wellenleiter in Abb. 5.4 dargestellt. Die Stufenhöhe s sei der Höhenunterschied im PMMA-Substrat. Aufgrund der Übertragbarkeit auf UV induzierte Streifenwellenleiter, werden im Folgenden nur Schichtwellenleiter betrachtet.

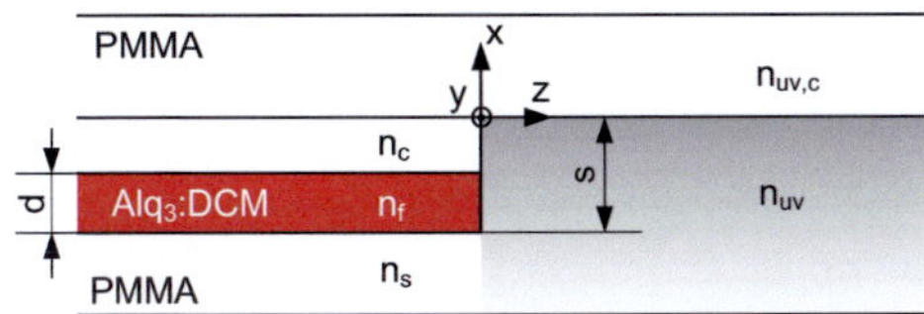

Abb. 5.4: Schemazeichnung der Anordnung von Laserwellenleiter (rot) und UV induziertem Wellenleiter zur Verbesserung der Kopplung.

Die TE Fundamentalmode eines Laser-Schichtwellenleiters bestehend aus Alq$_3$:DCM kann wie in Kap. 2.2.2 mit Gl. (2.5) und (2.8) berechnet werden. Für $\lambda \approx 640\,nm$ gilt für den Brechungsindex von Alq$_3$:DCM $n_f \approx 1,74$ und für das PMMA-Substrat $n_s = 1,486$. Die Deckschicht bestehe aus Luft mit $n_c = 1$. Die Dicke der Alq$_3$:DCM Schicht ist typischerweise $d = 350\,nm$. Unter diesen Annahmen folgt die elektrische Feldverteilung $E_L(x)$, die in Abb. 5.5a zusammen mit der für einen UV induzierten Schichtwellenleiter $E_{UV}(x)$ mit $\Delta n = 0,0065$ gezeigt ist.

Die Koppeleffizienz der Mode im Laserwellenleiter mit der elektrischen Feldverteilung $E_L(x-s)$ nach Gl. (2.5) an die Mode im UV induzierten Wellenleiter mit der elek-

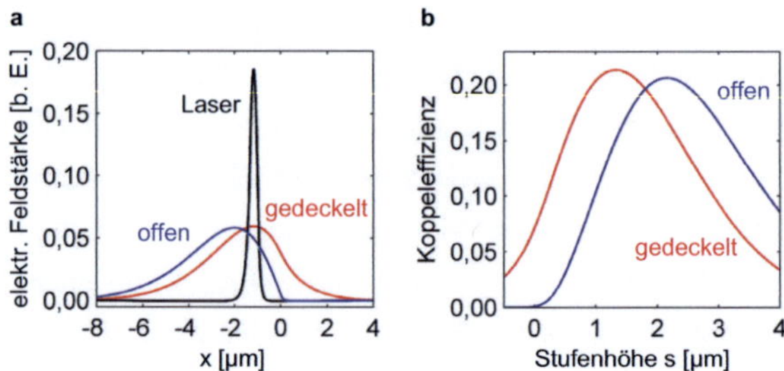

Abb. 5.5: a) Elektrische Feldverteilung im Alq$_3$:DCM Laserwellenleiter (schwarz) und in UV induzierten Wellenleitern ohne und mit PMMA-Deckschicht. b) Leistungskoppeleffizienz zwischen Laserwellenleitern und UV induzierten Wellenleitern als Funktion der Stufenhöhe s.

trischen Feldverteilung $E_{UV}(x)$ als Funktion der Stufenhöhe s kann mit Hilfe von (2.25) berechnet werden, indem die Feldverteilungen eingesetzt werden:

$$\eta(s) = \left[\frac{4\beta_L\beta_{UV}}{(\beta_L+\beta_{UV})^2}\right] \frac{\left[\int\limits_{-\infty}^{\infty} E_L(x-s)E_{UV}^*(x)\,\mathrm{d}x\right]^2}{\int\limits_{-\infty}^{\infty} E_L(x)E_L^*(x)\,\mathrm{d}x \int\limits_{-\infty}^{\infty} E_{UV}(x)E_{UV}^*(x)\,\mathrm{d}x}. \tag{5.5}$$

Diese Gleichung wurde in *Matlab* implementiert und daraus für die Fälle eines ungedeckelten UV induzierten Wellenleiters und eines mit PMMA gedeckelten UV induzierten Wellenleiters mit jeweils $\Delta n = 0,0065$ die Koppeleffizienz berechnet, die in Abb. 5.5b aufgetragen ist. Für den ungedeckelten PMMA Wellenleiter liegt das Maximum der Koppeleffizienz bei einer Stufenhöhe von $s = 2,15\,\mu m$ und bei $s = 1,32\,\mu m$ für den gedeckelten Wellenleiter. Im Vergleich zur Anordnung mit $s = 0$ und einem ungedeckelten Wellenleiter, die in [12] gezeigt wurde, kann so die Koppeleffizienz durch Anpassung der Höhe s rechnerisch um mehr als das 250-fache erhöht werden. In [12] wird auch diskutiert, dass ein keilförmiges Ende des Laserwellenleiters, das beim Aufdampfprozess entsteht, die Kopplung verbessert. Durch diese Form weitet sich die Feldverteilung im Laserwellenleiter auf und der Anteil der überkoppelnden Leistung wird vergrößert. Dies entspricht einem so genannten *Taper*, siehe z. B. [28]. Von dieser Methode könnte auch in der Anordnung, die hier vorgestellt wird, noch zusätzlich profitiert werden. Allerdings ist es sehr schwierig, die Keilform beim Aufdampfen reproduzierbar herzustellen.

Die Ergebnisse für die maximale Koppeleffizienz entsprechen in guter Näherung der Bedingung, dass die Maxima der beiden Feldverteilungen in derselben Tiefe x liegen. Das Maximum der Feldverteilung im Laserwellenleiter liegt ungefähr in der Mitte der Kernschicht. Für den Fall einer stärkeren Belichtungsdosis und damit höheren maximalen Brechungsindexänderung des UV induzierten Wellenleiters kann man also die optimale Stufenhöhe zur Summe aus der Tiefe des Maximums im UV induzierten Wellenleiter und der Hälfte der Schichthöhe des Laserwellenleiters abschätzen. Zur Abschätzung der Tiefen ist für verschiedene Belichtungsdosiswerte die Position des Maximums x_m in Abb. 5.6 für gedeckelte und ungedeckelte Wellenleiter aufgetragen.

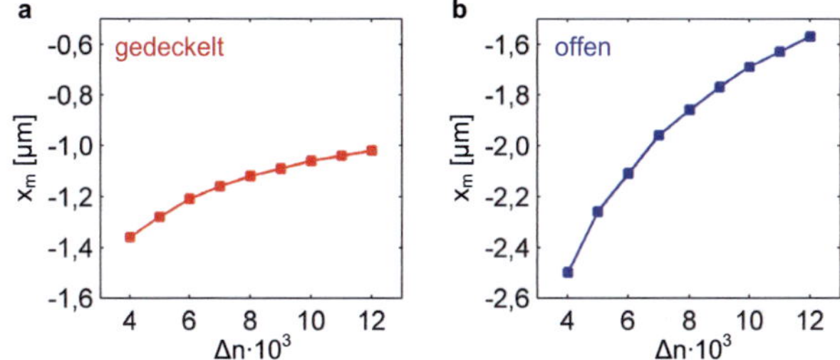

Abb. 5.6: Tiefe des Maximums x_m der elektrischen Feldverteilung der TE Fundamentalmode in a) mit PMMA gedeckelten und b) ungedeckelten UV induzierten Wellenleitern als Funktion der Brechungsindexänderung an der Wellenleiteroberfläche.

Wie bereits in Kap. 3.4 erwähnt, sinken UV induzierte Wellenleiter je nach Belichtungsdosis unterschiedlich tief in das Substrat ein. Da die Bondparameter zur Befestigung von Deckeln so ausgelegt wurden, dass sehr flache und gleichzeitig breite Kanäle dabei nicht verschlossen werden, kommt es vor, dass nach dem Bonden oberhalb der Wellenleiter ein Luftspalt verbleibt. Die Tiefe dieses Luftspalts hängt von der Belichtungsdosis bei der Herstellung der Wellenleiter und der Breite dieser ab. Simulationen mit *BeamPROP* zeigen, dass die Moden solcher Wellenleiter ab einer Luftspalthöhe von

$\approx 50\,nm$ und größer in x-Richtung weitestgehend unabhängig von der Wellenleiterbreite ein Profil aufweisen, das dem ungedeckelter Wellenleiter entspricht. Insbesondere die Position des Maximums ist dieselbe. In Abb. 5.7 sind die elektrischen Feldverteilungen von TE Moden mit und ohne Luftspalt gezeigt. Zwei Moden, die für Spalte der Höhe 5 nm und 25 nm berechnet wurden, sind exemplarisch dargestellt. Aufgrund dieser Ergebnisse kann man im Falle eines unter dem Mikroskop erkennbaren Luftspaltes zur Berechnung von einem ungedeckelten Wellenleiter ausgehen.

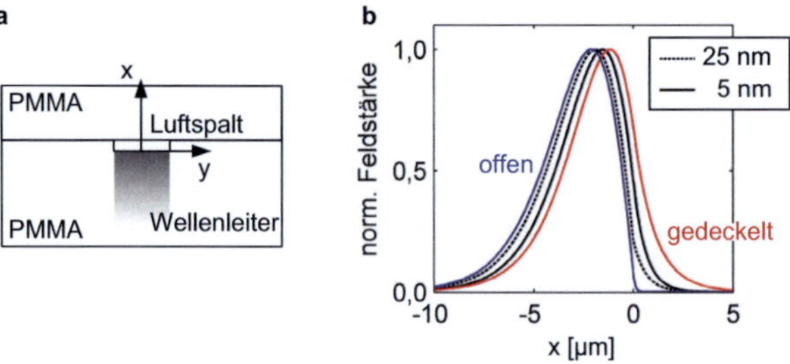

Abb. 5.7: a) Schema eines UV induzierten Wellenleiters mit Luftspalt. b) Elektrische Feldverteilung der TE Fundamentalmode in x-Richtung in UV induzierten Wellenleitern mit einem Luftspalt der Höhe 5 nm und 25 nm oberhalb der Wellenleiter ($\Delta n = 0,006$). Zum Vergleich sind die entsprechenden Moden eines ungedeckelten und eines gedeckelten Wellenleiters aufgetragen.

5.3.2 Experimentelle Untersuchung der Kopplung

Um die Simulationsergebnisse zu bestätigen, wurde ein Stempel aus Nickel, wie in Kap. 3.1.2 beschrieben, hergestellt. Er enthält Laserfelder der Fläche $500 \times 500\ \mu m^2$ mit DFB Gittern erster Ordnung in Vertiefungen von $\approx 1,6\ \mu m$ Tiefe. Die Lithografie für die Vertiefungen wurde in diesem Fall mit dem Elektronenstrahlschreiber durchgeführt. Durch Heißprägen wurde der Stempel in Hesa-Glas VOS PMMA Substrate der Dicke $500\ \mu m$ abgeformt. Dabei wurde ein Druck von $16,4\ kPa$ bei $180\ °C$ für $10\ min$ aufgebracht. Nach der Substratstrukturierung wurden durch justierte Belichtung (EVG 620

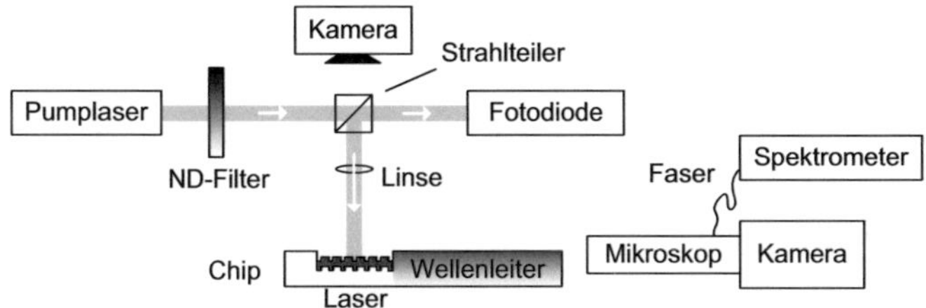

Abb. 5.8: Schema des Aufbaus zur Messung der Kopplung zwischen Laser und Wellenleiter.

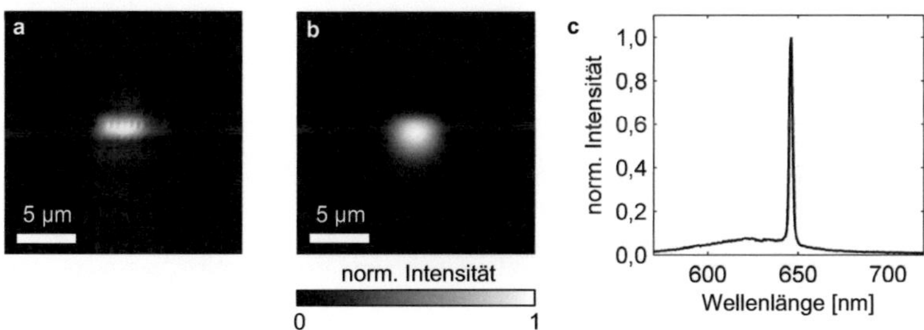

Abb. 5.9: Vergleich von a) gemessener und b) berechneter Intensitätsverteilung von Laserlicht eines organischen Halbleiterlasers an der Wellenleiterendfläche. c) Spektrum des Laserlichtes gemessen an der Wellenleiterendfläche.

mask aligner) durch eine Quarz-Chrom-Fotomaske Wellenleiter der Breite 5 μm orthogonal zu den DFB Gitterlinien mit einer Dosis von $2,5\ J/cm^2$ belichtet. Danach wurde Alq$_3$:DCM durch eine justierte Schattenmaske zu einer Dicke von 350 nm aufgedampft.

Zur optischen Charakterisierung der Struktur wurden die Substrate mit einer Säge vereinzelt. Durch Gebrauch eines feinen Sägeblatts und anschließendes Polieren lassen sich Wellenleiterendflächen optischer Qualität erzielen. Da die Proben während des Sägens mit Kühlflüssigkeit und Sägespänen in Kontakt kommen, werden die organischen Halbleiterlaser geschützt, indem die Substrate mit Adhäsionsfolie bedeckt werden.

Die organischen Halbleiterlaser werden wie zuvor mit einem aktiv gütegeschalteten frequenzverdoppelten Nd:YLF-Laser (Newport Explorer Scientific) angeregt. Während des Betriebs werden die Laser mit Stickstoff überspült, um Photooxidation zu vermeiden. Die Wellenleiterendflächen werden mit einem Mikroskopaufbau beobachtet, an den sowohl einen CCD Kamera als auch eine Faser und ein Spektrometer angeschlossen werden können, siehe Abb. 5.8. In Abb. 5.9a, b wird die berechnete Intensitätsverteilung an der Endfläche eines 5 μm breiten monomodigen Wellenleiters mit einer der aufgenommenen Intensitätsverteilungen verglichen. Zur Berechnung wurde *BeamPROP* mit der gemessenen Wellenlänge von 645 *nm* und einer Brechungsindexänderung an der Oberfläche $\Delta n = 0,0065$ verwendet, die der Belichtungsdosis entspricht. Das entsprechende Spektrum ist in Abb. 5.9c aufgetragen und zeigt, dass es sich im monomodigen Wellenleiter um Laserlicht handelt.

5.4 Anregung von Fluoreszenz mit integriertem Lab-on-Chip System

Um mit integrierten Wellenleitern und DFB Lasern erster Ordnung die Anregung von Fluoreszenzmarkern in Mikrofluidikkanälen zu zeigen, wurden Chips wie folgt gestaltet: Organische Halbleiterlaser mit DFB Gittern erster Ordnung mit Phasenverschiebung [45] wurden auf einer Länge von 500 μm und einer Breite von 300 μm in Vertiefungen integriert. DFB Gitterperioden von 190 *nm* bis 215 *nm* in 5 *nm* Schritten wurden gefertigt, um verschiedene Laserwellenlängen zu erhalten. Im selben Schritt mit den Vertiefungen für die Lasergitter wurden Strukturen für Mikrofluidikkanäle abgeformt, die ebenfalls im Siliziumstempel integriert sind. Auch innerhalb der 100 μm breiten Kanäle wurden Nanostrukturen geprägt. Hier werden Gitterlinien mit einer Periode von 460 *nm* genutzt, um über Bragg-Streuung Licht in Richtung des Detektors zu richten. Diese Methode vergrößert den Anteil an Fluoreszenzlicht, der zum Detektor gelangt [152]. Die Breite der Wellenleiter, die Laser und Mikrofluidikkanal verbinden, wurde zu 300 μm gewählt, um möglichst viel Laserlicht zu den Interaktionszonen zu leiten.

Die wichtigsten Herstellungsschritte sind bereits in Abb. 5.2 gezeigt. Ein Silizium-Stempel mit Mikro- und Nanostrukturen wird gefertigt und dann in Hesa-Glas VOS PMMA der Dicke 500 μm mit den Parametern aus Kap. 3 abgeformt. Wellenleiter werden mit Dosiswerten im Bereich von $1,5 - 4\,J/cm^2$ belichtet und 350 *nm* Alq$_3$:DCM werden durch Nickel-Schattenmasken auf die DFB-Gitter gedampft. Dann wird ein Deckel mit Einlässen für die Mikrofluidikkanäle aufgebondet. Anschließend werden aus einem Substrat erneut neun Chips der Größe von Mikroskopdeckgläschen gesägt. Ein Foto eines fertigen Chips, wie er schematisch in Abb. 5.1 dargestellt ist, ist in Abb. 5.10

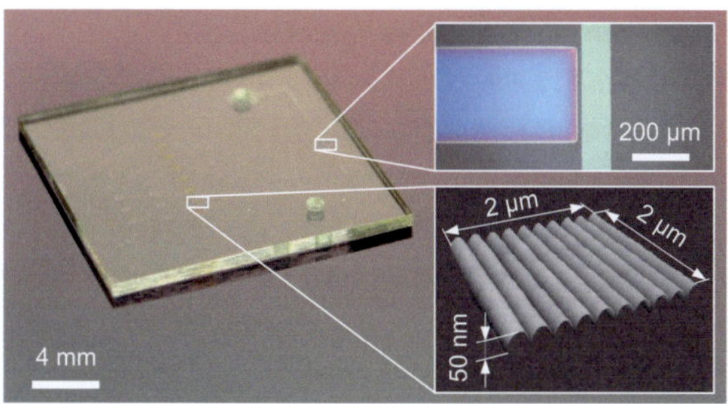

Abb. 5.10: Foto eines Lab-on-Chip Systems aus PMMA in Kombination mit einer Mikroskopaufnahme einer Interaktionszone und einer AFM-Aufnahme eines DFB Gitters erster
Ordnung.

gezeigt. Abb. 5.10 beinhaltet weiterhin eine Mikroskopaufnahme der Interaktionszone
und eine AFM-Aufnahme eines DFB Gitters. Der 300 μm breite Wellenleiter endet kurz
vor dem Mikrofluidikkanal, um zu verhindern, dass Flüssigkeit aus dem Kanal über den
Wellenleiter gelangt. Dieser sinkt bei der UV Belichtung ein und wurde in diesem Fall
beim Bonden nicht vollständig verschlossen.

5.4.1 Experimenteller Aufbau

Der experimentelle Aufbau zur Charakterisierung der Chips ist in Abb. 5.11 dargestellt.
Er beinhaltet dieselbe Anordnung zum Pumpen der Laser wie in den bisherigen Aufbauten für organische Halbleiterlaser. Um das Licht an der Interaktionszone einzufangen
wird ein 20× Mikroskopobjektiv mit einer numerischen Apertur von 0, 42 und einem Ar-
beitsabstand von 2 cm verwendet. Das Objektiv ist Teil eines Mikroskops, an dessen Ende jeweils wieder eine Kamera oder eine Glasfaser angeschlossen werden können. Über
die Glasfaser kann wiederum das Spektrometer genutzt werden (Acton Research SpectraPro 300i). Um Fotos der Interaktionszone mit Fluoreszenzlicht aufzunehmen, wird
eine hoch empfindliche CCD Kamera verwendet (Starlight Xpress SXVF-H9). Da sich
gestreutes Laserlicht räumlich mit dem Fluoreszenzlicht überlagert, kann dieses heraus
gefiltert werden, wozu zwei Filter des Typs Schott Farbglasfilter RG645 und RG665 genutzt werden. Da das Laserlicht prinzipiell polarisiert ist und das Fluoreszenzlicht nicht,
wäre es eventuell auch möglich einen Polarisator zu verwenden, wie es bei der Anre-

gung von Fluoreszenz mit polymeren Nanofasern in einem integrierten System gezeigt wurde [148]. Eine solche Filterung hat den Vorteil, dass auch spektral überlappendes Anregungs- und Fluoreszenzlicht getrennt werden können. Allerdings ist hier eine spektrale Filterung besser geeignet, denn das Laserlicht und die Fluoreszenz überlappen nicht spektral und ein Polarisator würde nur die Hälfte des Fluoreszenzlichtes durchlassen. Außerdem wird das Laserlicht gestreut, wodurch die Polarisation beeinflusst wird. Sowohl der Chip als auch die Mikroskopeinheit sind auf xyz-Tischen gelagert und können so mit Mikrometer-Genauigkeit zueinander justiert werden. Indem die Mikroskopeinheit an die Stirnfläche der Chips justiert wird, konnten die Laser separat charakterisiert werden. In diesem Fall wird ein Filter verwendet, der das Pumplaserlicht herausfiltert.

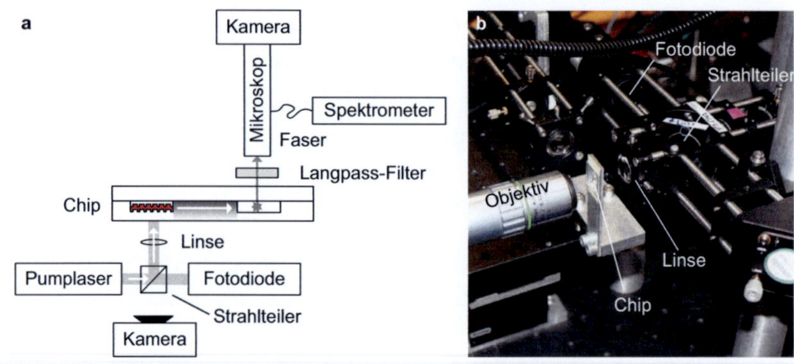

Abb. 5.11: a) Schema des experimentellen Aufbaus zur optischen Charakterisierung der Lab-on-Chip Systeme. b) Foto des Aufbaus.

Das Befüllen der Kanäle mit wässriger Lösung geschieht über Kapillarkräfte und dauert je nach Kanalbreite mehrere Minuten. Durch Anlegen eines Unterdrucks an die Öffnung eines Kanals kann das Befüllen beschleunigt werden. Dazu wird eine kompakte Pumpe (Bürkert Micro Pump 7604) verwendet.

5.4.2 Charakterisierung

Die Charakterisierung der integrierten organischen Halbleiterlaser wurde bereits in Kap. 4.1 beschrieben. Als Analyt zur Demonstration der Funktionsfähigkeit der Chips wurden zwei verschiedene Lösungen verwendet: Erstens so genannte Microspheres (FluoSpheres, dark red fluorescent, 660/680) mit einem Durchmesser von 40 nm in wässriger Lösung mit einem Feststoffanteil von 1% (Firma Sigma-Aldrich) und zweitens Ziege-Anti-Maus IgG Antikörper markiert mit Alexa Fluor 647 Fluoreszenzmarkern in Puffer-Lösung mit einer Konzentration von 2 g/L (Firma Invitrogen). Absorptions- und Emissionsspektren dieser beiden Fluoreszenzfarbstoffe sind in Abb. 5.12a aufgetragen. Die Maxima liegen für die FluoSpheres bei 657 nm und 683 nm bzw. für Alexa Fluor bei 650 nm and 671 nm.

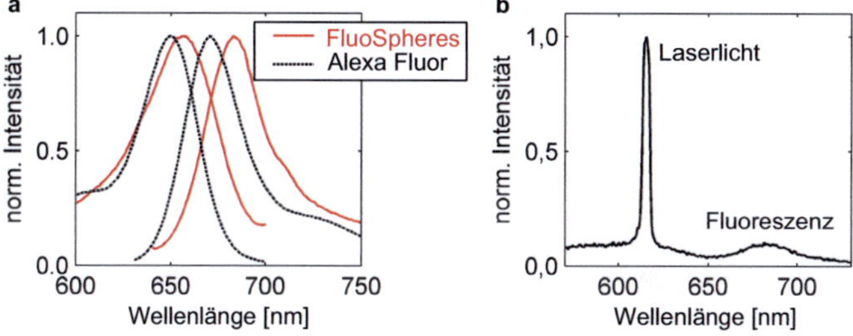

Abb. 5.12: a) Absorptions- und Emissionsspektren der verwendeten FluoSpheres (rot, durchgezogen) und Alexa Fluor (schwarz, gestrichelt) Fluoreszenzmarker. b) Spektrum an der Interaktionszone aufgenommen ohne Filter mit Laserlicht eines organischen Halbleiterlasers und Fluoreszenzlicht von FluoSpheres.

Benutzt man keinen Filter, so misst man an der Interaktionszone ein Spektrum, an dem man sowohl Laserlinie als auch Fluoreszenz gut erkennt, wie es in Abb. 5.12b gezeigt ist. Die Laserlinie wirkt hier breit, da der Spektrometerspalt weit geöffnet wurde, um möglichst viel Licht einzufangen. Mit Hilfe eines Spektrometers ist diese Methode bereits geeignet, um die Fluoreszenz nachzuweisen. Für ein kompaktes und kostengünstiges System ist es dagegen wünschenswert, nur einen einfachen Fotodetektor statt eines Spektrometers zu verwenden. Dazu werden die Filter eingesetzt, die das Laser-licht blocken. In Abb. 5.13 sind Spektren aufgetragen, die an der Interaktionszone mit Hilfe von Filtern aufgenommen wurden. Die FluoSpheres wurden mit einem Laser bei 639 *nm* angeregt und Licht unterhalb von 665 *nm* mit dem RG665 Filter geblockt, siehe Abb. 5.13a. Das analoge Ergebnis ist für die Alexa Fluor Marker mit dem RG645 Fil-ter, der Licht unterhalb von 645 *nm* blockt, in Abb. 5.13b gezeigt. Hier wurde ein Laser verwendet, der bei 619 *nm* emittiert. Im Falle der Alexa Fluor Marker ist das Signal-zu-Rausch-Verhältnis kleiner, obwohl dieselben Spektrometer-Einstellungen und eine vergleichbare Pumpleistung genutzt wurden. Dies kann teilweise damit begründet wer-den, dass die Anregewellenlänge in diesem Fall weiter vom Absorptionsmaximum des Farbstoffes entfernt ist. Außerdem wird in diesem Fall eine Überlapp der Fluoreszenz-markeremission mit der Fluoreszenz von Alq_3:DCM beobachtet. Dies wirkt sich nach-teilig auf die Empfindlichkeit des Fluoreszenznachweises aus, tritt aber bei organischen Lasern aufgrund des breiten Emissionsspektrums der Farbstoffe auf, das wiederum für die Abstimmbarkeit benötigt wird. Indem die Laserwellenlänge auf das Absorptionsma-ximum der Marker abgestimmt wird, kann ein stärkeres Fluoreszenzsignal erzeugt wer-den [73]. Pumpen der Laser mit hohen Pulsenergien ist zusätzlich sinnvoll, weil dadurch der relative Anteil der Fluoreszenz des organischen Laserfarbstoffes reduziert wird.

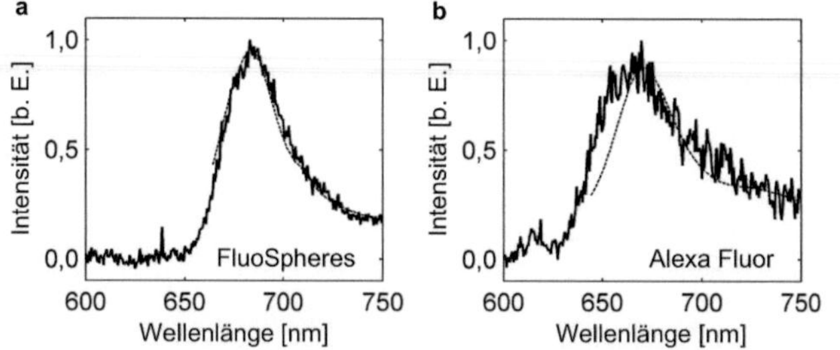

Abb. 5.13: Fluoreszenzspektren (durchgezogene Linien), die mit integrierten Lasern angeregt und an der Lab-on-Chip Interaktionszone durch Filter aufgenommen wurden und Emissionsspektren der Farbstoffe nach Herstellerangaben (gestrichelte Linien), von a) FluoSpheres und b) Alexa Fluor.

Zusätzlich wurden Mikroskopaufnahmen der Interaktionszone erstellt. Eine Kombination aus einem Bild unter Beleuchtung mit einer Lampe und einem Bild der Fluoreszenz der FluoSpheres, das durch einen Filter aufgenommen wurde, zeigt, dass das Fluoreszenzlicht hauptsächlich an der Stirnseite des Wellenleiters erzeugt wird, siehe Abb. 5.14. Dies ist auf die Absorption des Lichtes durch die Markermoleküle in hoher Konzentration zurückzuführen; die Intensität fällt exponentiell ab. Dieses Verhalten wird auch bei der Anregung mit Licht, das von einer externen Quelle in den Wellenleiter eingekoppelt wird, beobachtet [153].

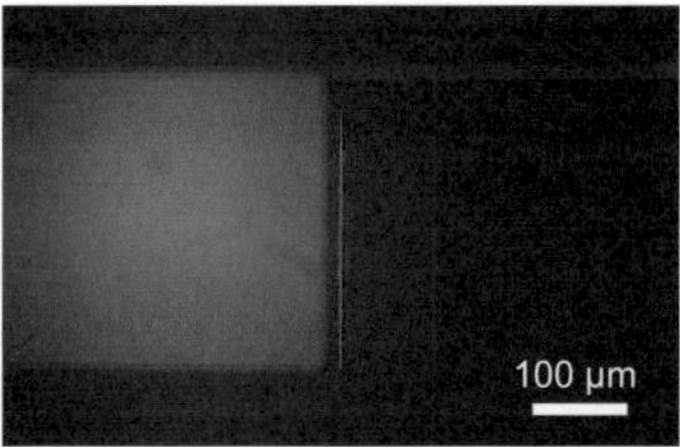

Abb. 5.14: Kombination zweier Fotos der Fluoreszenz von FluoSpheres angeregt mit einem integrierten Laser und der Interaktionszone im Hellfeld.

6 Funktionalisierung und Gitterkoppler aus Phospholipiden

In den vorherigen Kapiteln wurde demonstriert, wie organische Laser in polymere Lab-on-Chip Systeme integriert werden und ihr Licht zur Anregung von Fluoreszenz in Mikrofluidikkanälen genutzt wird. In diesem Kapitel werden zwei Wege vorgestellt, wie mit dieser Plattform sowohl spezifische [153, 154] als auch markerfreie Analysen [108, 127] (vergleiche Kap. 2.1) durch den Einsatz der DPN ermöglicht werden können. Zunächst wird die Funktionalisierung der Interaktionszone mit Phospholipiden gezeigt. Darauf folgt im zweiten Abschnitt die Beschreibung der Realisierung von Wellenleitergitterkopplern aus Phospholipiden.

6.1 Funktionalisierung der Interaktionszone

Um für die vorgestellte Plattform spezifische Detektion zu testen, wurden Interaktionszonen, also Kreuzungen von Wellenleiter und Mikrofluidikkanal, funktionalisiert. Dies geschieht lokal, damit verschiedene Zonen auf einem Chip für den Nachweis unterschiedlicher Zielmoleküle genutzt und unbehandelte Interaktionszonen als Referenz verwendet werden können. Da die Abmessungen der Interaktionszonen im Mikrometerbe-

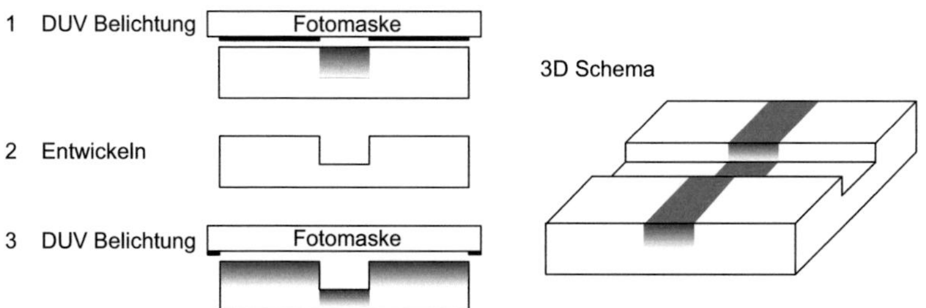

Abb. 6.1: Prozessschritte zur Herstellung von Chips mit integrierten Wellenleitern und Kanälen durch DUV Lithografie.

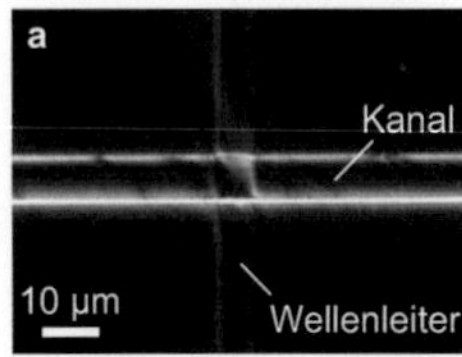

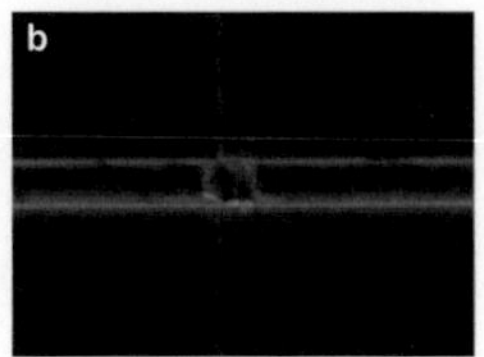

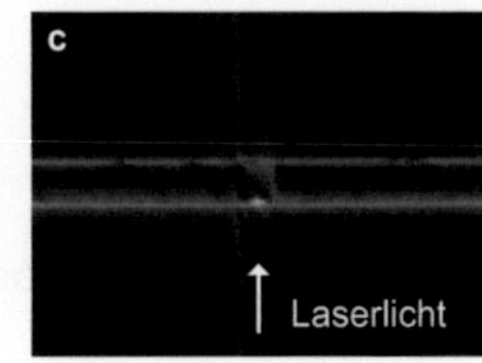

Abb. 6.2: a) Phasenkontrast-Mikroskopaufnahme einer Interaktionszone aus Wellenleiter und Kanal. b) Fluoreszenzmikroskopische Aufnahme der Interaktionszone mit Cy3-Markern an Streptavidin, die mit der Lichtquelle des Mikroskops angeregt werden. c) Fluoreszenzmikroskopische Aufnahme derselben Marker, die in diesem Fall mit Licht aus dem Wellenleiter angeregt werden.

reich liegen, wurde als entsprechendes Werkzeug DPN (siehe Kap. 3.5) zum Auftragen der Funktionalisierung genutzt.

Chips mit Interaktionszonen wurden per DUV Lithografie aus Hesa-Glas VOS PMMA gefertigt, wie in Abb. 6.1 gezeigt (siehe auch Kap. 3.4). Zuerst wurden Mikrokanäle belichtet und in MIBK:IPA entwickelt [14, 153]. Bei Belichtungsdosiswerten von $3,1\,J/cm^2$ entstehen Kanaltiefen von $\approx 3\,\mu m$. Quer zu den Kanälen wurden Wellenleiter der Breite $7,5\,\mu m$ mit einer Dosis von $3\,J/cm^2$ belichtet. Die Proben wurden mit einer Wafersäge so vereinzelt, dass Wellenleiterendflächen optischer Qualität entstanden.

Biotinisierte Phospholipide wurden mittels DPN in Interaktionszonen auf deren gesamter Fläche unstrukturiert aufgetragen. Diese wurden dann mit wässriger Lösung überspült, die Streptavidin-Moleküle enthielt. Diese Moleküle koppelten an das Biotin an und verblieben dort im folgenden Spülvorgang, durch den nicht gebundene Moleküle entfernt wurden. Die Streptavidin-Moleküle waren wiederum mit Cy3-Fluoreszenzmarkern versehen. Über eine Glasfaser wurde Licht eines externen Lasers ($\lambda = 532\,nm$) in den Wellenleiter eingekoppelt und zur Anregung der Cy3-Fluoreszenzmarker genutzt. Die lokale Funktionalisierung ist in Abb. 6.2 zu erkennen. Hier ist zunächst in Abb. 6.2a eine Phasenkontrast-Mikroskopaufnahme von Wellenleiter und Kanal gezeigt. Zusätzlich wurde für die Aufnahme in Abb. 6.2b die Fluoreszenz mit der Quecksilberlampe des verwendeten Fluoreszenzmikroskops (Nikon TE 2000) angeregt und detektiert. Hier erkennt man, dass die Funktionalisierung tatsächlich nur lokal vorliegt. In Abb. 6.2c ist eine Aufnahme gezeigt, in der die Fluoreszenz in derselben Interaktionszone durch Licht aus dem Wellenleiter angeregt wird, beobachtet wird sie erneut mit dem Fluoreszenzmikroskop. Wie bereits im vorherigen Kapitel ist zu erkennen, dass die Fluoreszenz hauptsächlich an der Kanalkante auftritt, die dem Licht aus dem Wellenleiter zugewandt ist.

Zusätzlich zu dieser Anregung wurde auch gezeigt, dass man mit baugleichen Chips Fluoreszenzmarker anregen kann, die an Zellen gebunden sind [153]. Außerdem ist auch die Anregung auf den Wellenleitern über das evaneszente Feld möglich, wenn Zellen oder Lipide mit gebundenen Fluoreszenzmarkern direkt an der Wellenleiteroberfläche aufgebracht werden [13, 153, 155].

6.2 Wellenleitergitterkoppler aus Phospholipiden

Beim Auftragen von Phospholipiden mittels DPN bilden sich meist Schichten aus einer Vielzahl von Phospholipid-Doppellagen aus, siehe Kap. 3.5. Durch Einstellen der Prozessparameter beim Aufbringen, insbesondere der Luftfeuchtigkeit und Schreibdauer, wird die Anzahl der Multilagen und damit die Gesamtliniendicke und -breite bestimmt [126]. Auf diese Weise können mit der DPN Linien mit Breiten im Bereich der Wellenlänge von sichtbarem Licht erzeugt werden. Mit Phospholipid-Liniengittern und UV induzierten Wellenleitern wurden damit Wellenleitergitterkoppler realisiert [108, 127], die die Funktion der Funktionalisierung und des Transducerelementes in sich vereinen. Dies wird im Folgenden beschrieben.

Zur Realisierung wurden in Hesa-Glas VOS PMMA Substrate Wellenleiter belichtet und durch Sägen vereinzelt (erneut mit Endflächen optischer Qualität). Quer zu den Wellenleitern wurden dann Phospholipidliniengitter aus 1,2-Dioleoyl-sn-glycero-3-phosphocholin (DOPC) mit einer Periode von 700 nm und einem Tastverhältnis von ca. 50% auf einer Gesamtlänge von 1, 2 mm aufgebracht. In einen 8 μm breiten Wellenleiter wurde über eine Glasfaser Licht eines Weißlichtlasers (Koheras SuperK Versa) mit einem breiten Spektrum im Bereich von $400 - 700$ nm eingekoppelt, siehe Abb. 6.3. Durch den Gitterkoppler wurde dieses Licht aus dem Wellenleiter ausgekoppelt, wie in Kap. 2.2.6 beschrieben. Aus Gl. (2.26) folgt, dass Licht unterschiedlicher Wellenlängen unter unterschiedlichen Winkel ausgekoppelt wird. In Abb. 6.3 sind Fotos eines Gitterkopplers aus Phospholipiden gezeigt, die unter zwei verschiedenen Winkeln mit einer Spiegelreflexkamera mit einem Makro-Objektiv aufgenommen wurden. An den unterschiedlichen Farben des ausgekoppelten Lichtes ist die Funktion des Gitterkopplers zu erkennen. Da insbesondere eine Änderung der Gitterhöhe, aber auch eine veränderte Gitterbreite zu einer Änderung der ausgekoppelten Leistung führt, kann dieser Gitterkoppler für die Sensorik genutzt werden.

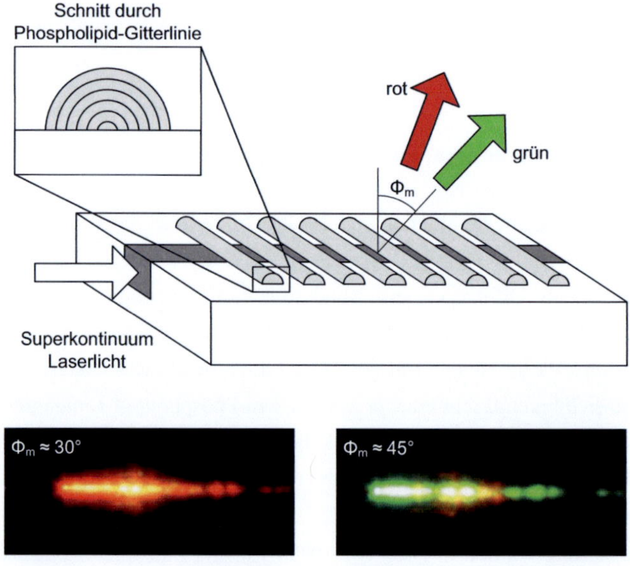

Abb. 6.3: Schema eines Wellenleitergitterkopplers aus Phospholipiden und Fotos eines solchen Gitterkopplers aufgenommen unter 30° und 45°.

Bei der Interaktion solcher Gitterlinien mit Ihrer Umgebung, z. B. mit Proteinen in wässriger Lösung, können drei verschiedene Effekte beobachtet werden: 1 Ausbreiten und Verwischen der Gitterlinien tritt bei einer Luftfeuchtigkeit von mehr als 40% auf, 2 die Interaktion mit Streptavidin-Proteinen führt zur Entnetzung der Gitterlinien und/oder 3 zum Eindringen von Proteinen zwischen die Phospholipid-Doppelschichten und damit zu einer Ausdehnung der Linien. Aufgrund des dritten Effektes konnte mit biotinisierten Phospholipidgittern durch die Anwesenheit von Streptavidin unter dem

Mikroskop eine Änderung der Beugungsintensität aufgrund von Entnetzung beobachtet werden [127]. Bei kleinen Linienhöhen kann ein große Änderung der ausgekoppelten Intensität aufgrund der Erhöhung der Gitterlinien erwartet werden, denn sie ist proportional zum Quadrat der Gitterhöhe, siehe Gl. (2.28). Ein ähnlicher Gitterkoppler wurde bereits durch lithografische Strukturierung von Gitterlinien, die Proteine binden können, demonstriert [26]. Hier wird bei Ankopplung nur eine Höhenänderung der Gitterlinien beobachtet. In Falle der Phospholipid-Liniengitter ist auch eine Zunahme der Breite der Linien zu erwarten. Durch Wahl der Ausgangslinienbreite b_0, so dass ein Tastverhältnis von weniger als 50% besteht, sollte das Sensorsignal noch zusätzlich verstärkt werden können, denn in diesem Fall trägt auch die Breitenänderung zusammen mit der Höhenänderung zu einer Intensitätszunahme der Auskopplung bei [108].

7 Zusammenfassung und Ausblick

7.1 Zusammenfassung

Ziel dieser Arbeit war es, eine Plattform für einwegtaugliche photonische Systeme auf Polymerbasis mit integrierten organischen Lasern zu realisieren. Diese Systeme wurden für die Anwendung als kompakte Freistrahl-Laserlichtquellen und als Lab-on-Chip Systeme entwickelt.

Im Einzelnen wurden die folgenden Teilergebnisse erzielt:

- Als Strukturierungsprozesse wurden Heißprägen und thermisches Bonden von Platten bzw. Folien aus Polymethylmethacrylat (PMMA) und Cyclo-Olefin-Copolymer (COC) ausgewählt. Dazu wurden Prozesse zur Herstellung von Prägestempeln aus Nickel [107] und Silizium [110] mit einer Kombination aus Mikro- und Nanostrukturen entwickelt. Mit diesen Stempeln wurde das Heißprägen in Hesa-Glas VOS PMMA und Topas 6013 COC so optimiert, dass Strukturen der erforderlichen Funktionalität bei möglichst kurzen Prozesszyklen übertragen werden konnten. Für die Integration organischer Halbleiterlaser wurde Alq_3:DCM durch neuartige Schattenmasken lokal auf Nanostrukturen auf die Substrate gedampft [107, 111]. In PMMA-Substrate wurden Wellenleiter und Mikrofluidikkanäle durch justierte UV Belichtung erzeugt.

- In die Substrate wurden organische Halbleiterlaser integriert, die auf verteilter Rückkopplung (englisch: *distributed feedback* (DFB)) durch eine Gitterstruktur im Nanometerbereich basieren. Diese Integration in Kunststoff-Chips aus PMMA und COC konnte in einem Prozess, der nur aus den drei Prozessschritten Heißprägen, Aufdampfen von Alq_3:DCM durch Schattenmasken und thermisches Bonden besteht, realisiert werden [111]. Laser erster und zweiter Ordnung wurden integriert. Aufgrund verschiedener Gitterperioden ergaben sich Ausgangswellenlängen von $623 - 685\ nm$ beim Pumpen mit Laserpulsen bei einer Wellenlänge von $349\ nm$

mit Pulslängen $< 5\ ns$. Die Schwellenergien der Laser-Chips lagen im Bereich von $\approx 0.1 - 1\ \mu J$ pro Pumppuls. Die Schwellenergien wurden bei Hesa-Glas VOS PMMA durch Substratabsorption des Pumplichtes begrenzt. Bei Topas 6013 COC Chips führte der Herstellungsprozess zu einer Erhöhung der Schwellenergien. Da die Laser in den Chips verkapselt wurden, konnte ihre Lebensdauer an Luft im Vergleich zu unverkapselten Lasern verlängert werden. Ausgedrückt als Anzahl von Pulsen der elffachen Schwellenergie der Laser ergab sich eine Lebensdauer-verbesserung der COC-Laser um den Faktor drei und bei PMMA-Lasern um das Zehnfache. Die Effizienz dieser Laser betrug $\approx 0,7\%$ (COC) bzw. $\approx 1,0\%$ (PM-MA).

- Ebenfalls durch Heißprägen und thermisches Bonden wurden optofluidische DFB Farbstofflaser hergestellt [110]. Dazu wurden Mikrofluidikkanäle mit nanostruktu-rierten Böden für DFB Gitter in COC-Folien geprägt und mit weiteren COC-Folien verschlossen. Die Kanäle wurden mit Stützstrukturen versehen, die verhinderten, dass sie beim Bonden verschlossen wurden. Durch die Kanäle wurde der Laser-farbstoff Pyrromethen 597 gelöst in Benzylalkohol gepumpt, indem an einem Ein-lass der Mikrofluidikkanäle mit Hilfe einer Vakuumpumpe ein Unterdruck ange-legt wurde. Laseraktivität wurde für zwei verschiedene Gitterperioden bei $566\ nm$ und $581\ nm$ gezeigt. Die Laserschwellen lagen beim Pumpen mit Laserpulsen mit einer Dauer von $< 15\ ns$ bei $532\ nm$ bei $\approx 7\ \mu J$. Es konnten Ausgangspulsener-gien von $> 1\ \mu J$ erzielt werden. Die Effizienz dieser optofluidischen Laser betrug $\approx 2,1\%$. Durch das Pumpen des Alkohols wurden die Farbstoffmoleküle im Ka-nal ständig ausgetauscht, so dass eine stabile Pulsenergie der Laser über mehr als $25\ min$ erhalten wurde.

- Aufbauend auf der Prozesstechnik zur Integration organischer Laser wurden Lab-on-Chip Systeme aus PMMA mit integrierten organischen Halbleiterlasern, Wel-lenleitern und Mikrofluidikkanälen realisiert [112]. Die Integration von Lasern und UV induzierten Wellenleitern wurde basierend auf einer Berechnung der Kopplung optimiert [112, 143]. Durch Anpassung der Tiefe der Laser im Substrat wurde der Überlapp der optischen Moden von Laser und Wellenleiter maximiert [156]. Ei-ne solche Struktur wurde hergestellt und die Kopplung in einen monomodigen

Wellenleiter durch Messung der Feldverteilung und des Spektrums im Wellenleiter überprüft [107]. Lab-on-Chip Systeme wurden in vier Hauptprozessschritten hergestellt: Heißprägen, UV Belichtung, Aufdampfen von Alq$_3$:DCM und thermisches Bonden [112]. Auf solchen Chips wurde mit integrierten Lasern die Fluoreszenz von Markern an Mikrokugeln (so genannten FluoSpheres) und an Antikörpern angeregt und vermessen. Es wurde gezeigt, dass das Laserlicht mit Hilfe von Filtern geblockt werden kann und deshalb im Prinzip eine Fotodiode zur Detektion ausreicht und kein Spektrometer benötigt wird.

- Um mit der entwickelten Plattform spezifische Analysen zu ermöglichen, wurden auf Chips mit integrierten Wellenleitern und Mikrofluidikkanälen Interaktionszonen, d. h. Kreuzungen von Wellenleiter und Kanal, funktionalisiert [153]. Mit Hilfe von „Dip-Pen Nanolithography" (DPN) wurden biotinisierte Phospholipide lokal aufgetragen. Aus wässriger Lösung koppelten Streptavidin-Moleküle, die mit Fluoreszenzmarkern versehen waren, an die Biotin-Moleküle an. Als Demonstration der Funktionalisierung wurden nach einem Spülvorgang die Fluoreszenzmarker durch Laserlicht aus dem Wellenleiter angeregt und ihr Licht detektiert.

- Als photonisches Transducerelement zur markerfreien Biosensorik wurden auf UV induzierten Wellenleitern Gitterkoppler mit einer Gitterperiode von 700 *nm* aus Phospholipiden gefertigt [127]. Solche Gitter können zur Biosensorik eingesetzt werden, denn sie reagieren auf die Anwesenheit von Proteinen. Die Funktion der Gitterkoppler wurde durch das Auskoppeln des Lichts eines Weißlichtlasers bestätigt.

7.2 Ausblick

In dieser Arbeit wurde die grundsätzliche Funktionsfähigkeit einer Plattform aus Polymeren mit integrierten organischen Lasern gezeigt. Inwieweit solche Chips zum Einsatz in kommerziellen Anwendungen kommen werden, hängt unter anderem von zukünftigen Weiterentwicklungen ab.

Im Folgenden wird in der Reihenfolge der behandelten Themen dieser Arbeit ein Ausblick gegeben. Zunächst betrifft dies die Prozesstechnik und die Auswahl der Substrat-

materialien. Außerdem werden Verbesserungen der integrierten organischen Halbleiterlaser und optofluidischen Laser und die Anwendung dieser in Lab-on-Chip Systemen
diskutiert.

In Bezug auf die entwickelten Prozesse wäre eine automatisierte Justage von Auf-
dampf- und Belichtungsmasken von Vorteil. Für eine tatsächliche Anwendung der Laser-
Chips ist es notwendig, sie ausgesprochen kostengünstig herzustellen. Dazu könnte ein
Übertrag der entwickelten Substratstrukturierungs-Prozesse auf Methoden mit kürze-
ren Zykluszeiten als beim Heißprägen nützlich sein. Insbesondere die Herstellung durch
die so genannte „Roll-to-roll"-Fertigung erscheint viel versprechend [157, 158]. Damit
könnten Walzen sowohl zum Prägen der Strukturen als auch zum Aufbringen organischer Halbleitermaterialien und zum Bonden verwendet werden. Ebenfalls interessant
wäre eine Herstellung der Chips analog zur Herstellung von DVDs (englisch: *digi-
tal versatile disc*) durch Spritzprägen. Beide Methoden sollten aufgrund der geringen
Aspektverhältnisse der benötigten Mikro- und Nanostrukturen technisch möglich sein.

Das Substrat- und Deckelmaterial Hesa-Glas VOS PMMA, auf dem Laser integriert
und mit dem Lab-on-Chip Systeme realisiert wurden, hat zwei Nachteile. Zum einen
ist bekannt, dass PMMA im Kontakt mit wässrigen Lösungen quillt [159]. Bei fort-
geschrittenen funktionalen Strukturen könnte dies zu ungewollten Signalen führen, da
das Material über längere Zeit seine Form durch Quellen verändert. Außerdem absorbiert Hesa-Glas VOS PMMA einen großen Anteil der UV Pumpstrahlung für organische
Halbleiterlaser. Dies könnte durch die Verwendung eines anderen PMMA-Materials vermieden werden. Dafür müsste dann nach Auswahl dieses Materials eine entsprechende Prozessentwicklung durchgeführt werden. Insgesamt wäre es auch interessant, das
Substratmaterial zu wechseln. Da COC hervorragend geeignet zur Fertigung von Lab-
on-Chip Systemen ist, und die Integration von optofluidischen Lasern und organischen
Halbleiterlasern erlaubt, bietet es sich als Werkstoff an. Nachteilig ist hier, dass nicht
durch DUV Belichtung Wellenleiter integriert werden können. Stattdessen könnte man
aber Alq_3:DCM-Schichten nicht nur für Laser sondern auch als Wellenleiter benutzen,
indem in den Schattenmasken entsprechende Öffnungen gelassen werden, durch die in
Vertiefungen auf der Höhe des Lasers gedampft wird. Solche Wellenleiter würden dann
nicht optisch gepumpt. Dies würde gleichzeitig auch die Laser-Wellenleiter-Kopplung
deutlich verbessern. Außerdem ist auch zu bedenken, ob man auf Wellenleiter völlig

verzichten kann, wenn man ausnutzt, dass das Laserlicht gerichtet ist und die Laser so nahe an Mikrofluidikkanäle platziert, dass sich der Laserstrahl auf dem Weg nicht zu stark aufweitet.

Beim Bonden von COC degradierten organische Halbleiterlaser scheinbar, so dass ihre Schwellen vergleichsweise hoch waren. Um dies zu umgehen, wäre es sinnvoll zu testen, ob COC-Material mit einer geringeren Glasübergangstemperatur (z. B. Topas 8007 COC) für Substrat und Deckel verwendbar ist, so dass Bonden bei niedrigeren Temperaturen möglich wird. Eine genauere Untersuchung der Degradationseigenschaften von Alq_3:DCM-Lasern wäre interessant. Dazu sollten kontrollierte Bedingungen verwendet werden, die sowohl die Untersuchung des Einflusses von Temperatur und Luftfeuchtigkeit sowie des Wärmetransports, der Pumppulswiederholrate, der Pumpenergie, des Strahldurchmessers, der Pumpwellenlänge und der Sauerstoffkonzentration in der Umgebung erlauben.

Für kompakte Systeme ist es wünschenswert, dass integrierte organische Halbleiterlaser mit Laser- oder sogar Leuchtdioden gepumpt werden. Zumindest mit Laserdioden ist dies mit Alq_3:DCM prinzipiell möglich [56, 160, 161]. Zur Nutzung photonischer Kavitäten wären integrierte kontinuierlich abstimmbare organische Halbleiterlaser von großem Vorteil [67, 162]. Die Integration organischer Halbleiterlaser ließe sich vereinfachen, indem auf den Aufdampfprozess verzichtet wird. Eine Möglichkeit dazu wäre Tintenstrahldrucken. Allerdings ist die Herstellung homogener Schichtdicken mit dieser Methode eine komplexe Aufgabe. Eine einfache Alternative wäre es, organische Laser mit Hilfe von nanostrukturierten Stempeln zu drucken. Dass entsprechende Gitterstrukturen aus Alq_3 auf solche Weise auf organische Leuchtdioden übertragen werden können, wurde bereits gezeigt [115]. Indem man eine an ihrer Oberfläche strukturierte Schicht aufbringt, die die entsprechende Dicke für Laser aufweist, könnte man die Prozessschritte der Abformung von Gittern im Nanometerbereich und des Aufdampfens durch das Bedrucken ersetzen. Damit wäre eine Nanostrukturierung des Substrates nicht mehr notwendig und eine Integration organischer Halbleiterlaser in bereits bestehende Lab-on-Chip Systeme relativ einfach möglich.

Für die Durchführung mehrerer Analysen auf einem Chip ist die Nutzung von organischen Halbleiterlasern mit unterschiedlichen Wellenlängen über den gesamten sichtbaren Spektralbereich wünschenswert. Damit könnten dann z. B. unterschiedliche Fluoreszenzmarker eingesetzt und einzeln angeregt werden. Durch alternative Materialien können organische Halbleiterlaser gefertigt werden, die blaues und grünes Licht emittieren [11]. Auf COC Substraten, die im Rahmen dieser Arbeit gefertigt wurden, konnten auch bereits Laser, die von $\approx 400 - 450$ *nm* emittieren, mit dem aktiven Material Spiro-6-phenyl realisiert werden.

Um die Schwelle der optofluidischen Laser zu reduzieren und um eine zeitstabile Ausgangspulsenergie ohne externes Pumpen zu erhalten, kann ihre Ausgestaltung erweitert werden. Legt man das Gitter für die Rückkopplung so aus, dass orthogonal zu den bisherigen Gitterlinien ein Gitter zweiter Ordnung für das Pumplicht eingebracht ist, so beugt dieses Gitter das Pumplicht in Richtung der Chip-Ebene und stellt gleichzeitig einen Resonator für dieses Licht dar. Dies verringert bei Festkörper-Farbstofflasern die Laserschwelle deutlich [52]. Um sowohl den Effekt dieses Gitters ausreichend groß als auch die Rückkopplung für den optofluidischen Laser selbst groß genug zu halten, müssen die Gitterstrukturen wahrscheinlich vertieft werden. Weiterhin können mehrere Mikrometer tiefe Reservoirs neben den Mikrokanälen integriert werden. Sind diese Reservoirs mit dem Kanal verbunden, sollten Farbstoffmoleküle zwischen den Reservoirs und den optisch gepumpten Gittern diffundieren. Durch den Austausch von Farbstoffmolekülen durch Diffusion sollte so auf das Pumpen des Benzylalkohols verzichtet werden können [163]. Dies wäre ein großer Vorteil für praktische Anwendungen. Ein erstes Design zur Untersuchung dieser Verbesserungen wurden bereits erstellt und realisiert.

Per DPN wird die Funktionalisierung von Interaktionszonen mit verschiedensten Stoffen möglich sein. Drucktechniken, die sich noch besser für eine Massenproduktion eignen, sind eventuell aber noch viel versprechender. Gitterkoppler aus Phospholipiden können als Biosensor untersucht werden. Solche Gitterkoppler könnten in ein Lab-on-Chip System aus PMMA komplett integriert werden, indem über ihnen ein Deckel gebondet wird, in dem sich wiederum ein vorstrukturierter Mikrofluidikkanal befindet. Durch diesen Kanal könnte dann über die Gitterkoppler ein Analyt gespült werden. Zu untersuchen wäre allerdings zuvor, welchen Einfluss der Bondprozess auf die Phospholipide hat.

Da die organischen Laser Pulse mit konstanter Wiederholrate emittieren, bietet sich die Nutzung von Lock-in-Technik zur Verbesserung der Empfindlichkeit von Sensoren an. Weiterhin wird markerfreie Detektion als einer der großen Vorteile photonischer

Biosensoren gesehen. Sie könnte durch die Integration von interferometrischen Strukturen oder plasmonischen Resonatoren in die hier gezeigte Plattform erzielt werden. Photonische Mikrokavitäten [164–166] und photonische Kristalle [167] haben ebenfalls großes Potenzial zur markerfreien Detektion, wenn die Verschiebung ihrer Resonanzwellenlänge genutzt wird. Um sie zu integrieren, haben allerdings andere Materialkombinationen als wässrige Lösung mit PMMA (oder COC) mehr Aussicht auf Erfolg, denn es werden für hohe Güte-Faktoren und damit große Empfindlichkeiten der Sensoren hohe Brechungsindexunterschiede benötigt.

Derzeit nehmen die Aufbauten zur Nutzung der Chips noch optische Tische ein. Für eine Anwendung im Bereich der Vor-Ort-Analyse ist eine Miniaturisierung der Umgebungskomponenten erforderlich. Ziel sollte es sein, alle Komponenten, also inklusive der Pumpquelle und der Detektion, als wieder verwertbare kompakte Einheit zu gestalten. Dies könnte dann z. B. in Form eines Gerätes der Größe eines Mobiltelefons realisiert werden, in das die austauschbaren Polymer-Chips eingesetzt werden.

Sollten elektrisch gepumpte organische Halbleiterlaser realisiert werden, so wäre ihre Integration in polymere Lab-on-Chip Systeme sinnvoll, denn man könnte auf die optische Pumpquelle verzichten. Der Einsatz integrierter organischer Fotodioden in der entwickelten Plattform würde sich dann zusätzlich anbieten, denn auch sie benötigen eine elektrische Kontaktierung.

Ein wichtiger Schritt wäre es, die Chips für eine ausgewählte marktrelevante Anwendung zu testen. Ein Vergleich mit bereits existierenden Analysesystemen bzgl. ihrer Sensitivität und Herstellungsprozesse würde zur weiteren Beurteilung der Tauglichkeit der Plattform dienen.

Literaturverzeichnis

[1] *Ideen. Innovation. Wachstum. Hightech-Strategie 2020 für Deutschland.* Bundesministerium für Bildung und Forschung, 2010

[2] *Agenda Photonik 2020.* Programmausschuss für das BMBF-Förderprogramm Optische Technologien, 2010

[3] JANASEK, D. ; FRANZKE, J. ; MANZ, A.: Scaling and the design of miniaturized chemical-analysis systems. In: *Nature* 442 (2006), Nr. 7101, S. 374–380

[4] FAN, X. ; WHITE, I. M. ; SHOPOVA, S. I. ; ZHU, H. ; SUTER, J. D. ; SUN, Y.: Sensitive optical biosensors for unlabeled targets: A review. In: *Anal. Chim. Acta* 620 (2008), Nr. 1–2, S. 8–26

[5] NARAYANASWAMY, R. ; WOLFBEIS, O. S.: *Optical Sensors.* Berlin Heidelberg New York : Springer-Verlag, 2004 (Springer Series on Chemical Sensors and Biosensors)

[6] JOHNSON, M. E. ; LANDERS, J. P.: Fundamentals and practice for ultrasensitive laser-induced fluorescence detection in microanalytical systems. In: *Electrophoresis* 25 (2004), Nr. 21–22, S. 3513–3527

[7] HUNT, H. K. ; ARMANI, A. M.: Label-free biological and chemical sensors. In: *Nanoscale* 2 (2010), S. 1544–1559

[8] ARMANI, A. M. ; KULKARNI, R. P. ; FRASER, S. E. ; FLAGAN, R. C. ; VAHALA, K. J.: Label-free, single-molecule detection with optical microcavities. In: *Science* 317 (2007), Nr. 5839, S. 783–787

[9] WHITESIDES, G. M.: The origins and the future of microfluidics. In: *Nature* 442 (2006), Nr. 7101, S. 368–373

[10] HENZI, P.: *UV-induzierte Herstellung monomodiger Wellenleiter in Polymeren*, Universität Karlsruhe (TH), Institut für Mikrostrukturtechnik, Diss., 2004

[11] STROISCH, M.: *Organische Halbleiterlaser auf Basis Photonischer-Kristalle*, Universität Karlsruhe (TH), Lichttechnisches Institut, Diss., 2007

[12] PUNKE, M.: *Organische Halbleiterbauelemente für mikrooptische Systeme*, Universität Karlsruhe (TH), Lichttechnisches Institut, Diss., 2007

[13] BRUENDEL, M.: *Herstellung photonischer Komponenten durch Heißprägen und UV-induzierte Brechzahlmodifikation von PMMA*, Universität Karlsruhe (TH), Institut für Mikrostrukturtechnik, Diss., 2008

[14] MANDISLOH, K.: *Polymere, mikrofluidische Systeme mit integrierten Wellenleitern*, Universität Karlsruhe (TH), Institut für Mikrostrukturtechnik, Diss., 2008

[15] LIGLER, S. L. ; TAITT, C. R.: *Optical biosensors: Today and tomorrow*. 2. Amsterdam : Elsevier Science, 2008

[16] HEIDEMAN, R. G. ; LAMBECK, P. V.: Remote opto-chemical sensing with extreme sensitivity: design, fabrication and performance of a pigtailed integrated optical phase-modulated Mach-Zehnder interferometer system. In: *Sens. Actuators, B* 61 (1999), Nr. 1–3, S. 100–127

[17] HOMOLA, J.: Surface plasmon resonance sensors for detection of chemical and biological species. In: *Chem. Rev.* 108 (2008), Nr. 2, S. 462–493

[18] VAHALA, K. J.: Optical microcavities. In: *Nature* 424 (2003), S. 839–846

[19] CARLBORG, C. F. ; GYLFASON, K. B. ; KAZMIERCZAK, A. ; DORTU, F. ; BANULS POLO, M. J. ; MAQUIEIRA CATALA, A. ; KRESBACH, G. M. ; SOHLSTROM, H. ; MOH, T. ; VIVIEN, L. ; POPPLEWELL, J. ; RONAN, G. ; BARRIOS, C. A. ; STEMME, G. ; WIJNGAART, W. v. d.: A packaged optical slot-waveguide ring resonator sensor array for multiplex label-free assays in labs-on-chips. In: *Lab Chip* 10 (2010), S. 281–290

[20] ARMANI, A. M. ; VAHALA, K. J.: Heavy water detection using ultra-high-Q microcavities. In: *Opt. Lett.* 31 (2006), Nr. 12, S. 1896–1898

[21] ZHANG, W. ; GANESH, N. ; BLOCK, I. D. ; CUNNINGHAM, B. T.: High sensitivity photonic crystal biosensor incorporating nanorod structures for enhanced surface area. In: *Sens. Actuators, B* 131 (2008), S. 279–284

[22] NUNES, P. S. ; MORTENSEN, N. A. ; KUTTER, J. P. ; MOGENSEN, K. B.: Photonic crystal resonator integrated in a microfluidic system. In: *Opt. Lett.* 33 (2008), Nr. 14, S. 1623–1625

[23] LU, M. ; CHOI, S. S. ; IRFAN, U. ; CUNNINGHAM, B. T.: Plastic distributed feedback laser biosensor. In: *Appl. Phys. Lett.* 93 (2008), S. 111113

[24] BRØKNER CHRISTIANSEN, M. ; LOPACINSKA, J. M. ; HAVSTEEN JAKOBSEN, M. ; MORTENSEN, N. A. ; DUFVA, M. ; KRISTENSEN, A.: Polymer photonic crystal dye lasers as Optofluidic Cell Sensors. In: *Opt. Express* 17 (2009), S. 2722–2730

[25] YANG, Y. ; TURNBULL, G. A. ; SAMUEL, I. D. W.: Sensitive explosive vapor detection with polyfluorene lasers. In: *Adv. Funct. Mater.* 20 (2010), Nr. 13, S. 2093–2097

[26] LAI, Z. ; WANG, Y. ; ALLBRITTON, N. ; LI, G.-P. ; BACHMAN, M.: Label-free biosensor by protein grating coupler on planar optical waveguides. In: *Opt. Lett.* 33 (2008), Nr. 15, S. 1735–1737

[27] LEUNG, A. ; SHANKAR, P. M. ; MUTHARASAN, R.: A review of fiber-optic biosensors. In: *Sens. Actuators, B* 125 (2007), Nr. 2, S. 688–703

[28] HUNSPERGER, R. G.: *Integrated optics: Theory and technology.* 3. Berlin Heidelberg New York : Springer-Verlag, 1991

[29] SALEH, B. E. A. ; TEICH, M. C.: *Fundamentals of photonics.* 2. Hoboken New Jersey : Wiley-Interscience, 2007

[30] YARIV, A.: *Optical electronics in modern communications*. 5. New York Oxford : Oxford University Press, 1997

[31] JOANNOPOULOS, J. D. ; JOHNSON, S. G. ; WINN, J. N. ; MEADE, R. D.: *Photonic Crystals*. 2. Princeton Oxford : Princeton University Press, 2008

[32] EBELING, K. J.: *Integrierte Optoelektronik*. Berlin Heidelberg : Springer-Verlag, 1989

[33] HERRMANN, H.: *Optisch nichtlinare Differenzfrequenzerzeugung abstimmbarer, koheränter Strahlung im mittleren Infrarotbereich in Ti:LiNbO$_3$-Streifenwellenleitern*, Universität-Gesamthochschule Paderborn, Diss., 1991

[34] CONWELL, E. M.: Modes in optical waveguides formed by diffusion. In: *Appl. Phys. Lett.* 23 (1973), S. 328–329

[35] MARCATILI, E. A. J.: Dielectric rectangular waveguide and directional coupler for integrated optics. In: *Bell Syst. Tech. J.* 48 (1969), Nr. 21, S. 2071–2102

[36] SCARMOZZINO, R. ; GOPINATH, A. ; PREGLA, R. ; HELFERT, S.: Numerical techniques for modeling guided-wave photonic devices. In: *IEEE J. Sel. Top. Quantum Electron.* 6 (2000), Nr. 1, S. 150–162

[37] *BeamPROP 7.0 User Guide*. RSoft Design Group, 2006

[38] HUNSPERGER, R. G. ; YARIV, A. ; LEE, A.: Parallel end-butt coupling for optical integrated circuits. In: *Appl. Opt.* 16 (1977), Nr. 4, S. 1026–1032

[39] POLLOCK, C. R. ; LIPSON, M.: *Integrated Photonics*. Boston Dordrecht London : Kluwer Academic Publishers, 2003

[40] TAMIR, T. ; PENG, S. T.: Analysis and design of grating couplers. In: *Appl. Phys.* 14 (1977), S. 235–254

[41] BIER, F. F. ; SCHELLER, F. W.: Label-free observation of DNA hybridisation and endonuclease activity on a waveguide surface using a grating coupler. In: *Biosens. Bioelectron.* 11 (1996), Nr. 6–7, S. 669–674

[42] TIEFENTHALER, K. ; LUKOSZ, W.: Sensitivity of grating couplers as integrated-optical chemical sensors. In: *J. Opt. Soc. Am. B* 6 (1989), Nr. 2, S. 209–220

[43] SAMUEL, I. D. W. ; NAMDAS, E. B. ; TURNBULL, G. A.: How to recognize lasing. In: *Nat. Photonics* 3 (2009), S. 546–549

[44] SVELTO, O.: *Principles of lasers.* Bd. 4. New York : Springer-Verlag, 1998

[45] CARROLL, J. ; WHITEAWAY, J. ; PLUMB, D.: *Distributed feedback semiconductor lasers.* London : The Institution of Electrical Engineers, 1998 (IEE Circuits, Devices and Systems Series 10)

[46] SCHÄFER, F. P. (Hrsg.): *Dye Lasers.* Bd. 1. 3. Berlin : Springer-Verlag, 1990

[47] YARIV, A.: Coupled-mode theory for guided-wave optics. In: *IEEE J. Quantum Electron.* 9 (1973), S. 919–933

[48] STREIFER, W. ; SCIFRES, D. ; BURNHAM, R.: Coupling coefficients for distributed feedback single- and double-heterostructure diode lasers. In: *IEEE J. Quantum Electron.* 11 (1975), S. 867–873

[49] HAUS, H. ; SHANK, C. V.: Antisymmetric taper of distributed feedback lasers. In: *IEEE J. Quantum Electron.* 12 (1976), Nr. 9, S. 532–539

[50] BRØKNER CHRISTIANSEN, M. ; BUSS, T. ; SMITH, C. L. C. ; PETERSEN, S. R. ; JØRGENSEN, M. M. ; KRISTENSEN, A.: Single mode dye-doped polymer photonic crystal lasers. In: *J. Micromech. Microeng.* 20 (2010), Nr. 11, S. 115025

[51] RIECHEL, S. ; KALLINGER, C. ; LEMMER, U. ; FELDMANN, J. ; GOMBERT, A. ; WITTWER, V. ; SCHERF, U.: A nearly diffraction limited surface emitting conjugated polymer laser utilizing a two-dimensional photonic band structure. In: *Appl. Phys. Lett.* 77 (2000), S. 2310–2312

[52] BRØKNER CHRISTIANSEN, M. ; KRISTENSEN, A. ; XIAO, S. ; MORTENSEN, N. A.: Photonic integration in k-space: Enhancing the performance of photonic crystal dye lasers. In: *Appl. Phys. Lett.* 93 (2008), S. 231101

[53] SAMUEL, I. D. W. ; TURNBULL, G. A.: Organic semiconductor lasers. In: *Chem. Rev.* 107 (2007), S. 1272–1295

[54] RIECHEL, S. ; LEMMER, U. ; FELDMANN, J. ; BERLEB, S. ; MÜCKL, A. G. ; BRÜTTING, W. ; GOMBERT, A. ; WITTWER, V.: Very compact tunable solid-state laser utilizing a thin-film organic semiconductor. In: *Opt. Lett.* 26 (2001), Nr. 9, S. 593–595

[55] RIEDL, T. ; RABE, T. ; JOHANNES, H.-H. ; KOWALSKY, W. ; WANG, J. ; WEIMANN, T. ; HINZE, P. ; NEHLS, B. ; FARRELL, T. ; SCHERF, U.: Tunable organic thin-film laser pumped by an inorganic violet diode laser. In: *Appl. Phys. Lett.* 88 (2006), S. 241116

[56] KARNUTSCH, C. ; STROISCH, M. ; PUNKE, M. ; LEMMER, U. ; WANG, J. ; WEIMANN, T.: Laser diode pumped organic semiconductor lasers utilizing two-dimensional photonic crystal resonators. In: *IEEE Photonics Technol. Lett.* 19 (2007), S. 741–743

[57] VASDEKIS, A. E. ; TSIMINIS, G. ; RIBIERRE, J.-C. ; FAOLAIN, L. O. ; KRAUSS, T. F. ; TURNBULL, G. A. ; SAMUEL, I. D. W.: Diode pumped distributed Bragg reflector lasers based on a dye-to-polymer energy transfer blend. In: *Opt. Express* 14 (2006), S. 9211–9216

[58] SAKATA, H. ; YAMASHITA, K. ; TAKEUCHI, H. ; TOMIKI, M.: Diode-pumped distributed-feedback dye laser with an organic-inorganic microcavity. In: *Appl. Phys. B* 92 (2008), Nr. 2, S. 243–246

[59] YANG, Y. ; TURNBULL, G. A. ; SAMUEL, I. D. W.: Hybrid optoelectronics: A polymer laser pumped by a nitride light-emitting diode. In: *Appl. Phys. Lett.* 92 (2008), S. 163306

[60] TESSLER, N.: Lasers based on semiconducting organic materials. In: *Adv. Mater.* 11 (1999), S. 363–370

[61] BALDO, M. A. ; HOLMES, R. J. ; FORREST, S. R.: Prospects for electrically pumped organic lasers. In: *Phys. Rev. B* 66 (2002), Nr. 3, S. 035321

[62] DUARTE, F. J.: Coherent electrically excited organic semiconductors: Visibility of interferograms and emission linewidth. In: *Opt. Lett.* 32 (2007), Nr. 4, S. 412–414

[63] RABE, T. ; HAMWI, S. ; MEYER, J. ; GÖRRN, P. ; RIEDL, T. ; JOHANNES, H.-H. ; KOWALSKY, W.: Suitability of lithium doped electron injection layers for organic semiconductor lasers. In: *Appl. Phys. Lett.* 90 (2007), S. 151103

[64] GÄRTNER, C.: *Organic laser diodes: Modelling and simulation*, Universität Karlsruhe (TH), Lichttechnisches Institut, Diss., 2008

[65] WALLIKEWITZ, B. H. ; ROSA, M. d. l. ; KREMER, J. H.-W. M. ; HERTEL, D. ; MEERHOLZ, K.: A lasing organic light-emitting diode. In: *Adv. Mater.* 22 (2010), S. 531–534

[66] SCHNEIDER, D. ; RABE, T. ; RIEDL, T. ; DOBBERTIN, T. ; KRÖGER, M. ; BECKER, E. ; JOHANNES, H.-H. ; KOWALSKY, W. ; WEIMANN, T. ; WANG, J. ; HINZE, P.: Ultrawide tuning range in doped organic solid-state lasers. In: *Appl. Phys. Lett.* 85 (2004), S. 1886

[67] KLINKHAMMER, S. ; WOGGON, T. ; GEYER, U. ; VANNAHME, C. ; MAPPES, T. ; DEHM, S. ; LEMMER, U.: A continuously tunable low-threshold organic semiconductor distributed feedback laser fabricated by rotating shadow mask evaporation. In: *Appl. Phys. B* 97 (2009), Nr. 4, S. 787–791

[68] WEINBERGER, R. ; LANGER, G. ; POGANTSCH, A. ; HAASE, A. ; ZOJER, E. ; KERN, W.: Continuously color-tunable rubber laser. In: *Adv. Mater.* 16 (2004), S. 130–133

[69] WENGER, B. ; TÉTREAULT, N. ; WELLAND, M. E. ; FRIEND, R. H.: Mechanically tunable conjugated polymer distributed feedback lasers. In: *Appl. Phys. Lett.* 97 (2010), S. 193303

[70] GÖRRN, P. ; LEHNHARDT, M. ; KOWALSKY, W. ; RIEDL, T. ; WAGNER, S.: Elastically tunable self-organized organic lasers. In: *Adv. Mater.* 23 (2011), Nr. 7, S. 869–872

[71] OKI, Y. ; MIYAMOTO, S. ; MAEDA, M. ; VASA, N. J.: Multiwavelength distributed-feedback dye laser array and its application to spectroscopy. In: *Opt. Lett.* 27 (2002), Nr. 14, S. 1220–1222

[72] WOGGON, T. ; KLINKHAMMER, S. ; LEMMER, U.: Compact spectroscopy system based on tunable organic semiconductor lasers. In: *Appl. Phys. B* 99 (2010), S. 47–51

[73] KLINKHAMMER, S. ; WOGGON, T. ; VANNAHME, C. ; MAPPES, T. ; LEMMER, U.: Optical spectroscopy with organic semiconductor lasers. In: *Proc. SPIE* Bd. 7722, 2010, S. 772211

[74] BALSLEV, S. ; KRISTENSEN, A.: Microfluidic single-mode laser using high-order Bragg grating and antiguiding segments. In: *Opt. Express* 13 (2005), S. 344–351

[75] LI, Z. ; PSALTIS, D.: Optofluidic dye lasers. In: *Microfluid. Nanofluid.* 4 (2008), S. 145–158

[76] CHEN, Y. ; LEI, L. ; ZHANG, K. ; SHI, J. ; WANG, L. ; LI, H. ; ZHANG, X. M. ; WANG, Y. ; CHAN, H. L. W.: Optofluidic microcavities: Dye-lasers and biosensors. In: *Biomicrofluidics* 4 (2010), S. 043002

[77] PSALTIS, D. ; QUAKE, S. R. ; YANG, C.: Developing optofluidic technology through the fusion of microfluidics and optics. In: *Nature* 442 (2006), S. 381–386

[78] MONAT, C. ; DOMACHUK, P. ; EGGLETON, B. J.: Integrated optofluidics: A new river of light. In: *Nat. Photonics* 1 (2007), S. 106–114

[79] GERSBORG-HANSEN, M.: *Optofluidic dye lasers*, Technical University of Denmark, DTU Nanotech (Department of Micro- and Nanotechnology), Diss., 2007

[80] BILENBERG, B. ; HANSEN, M. ; JOHANSEN, D. ; ÖKAPICI, V. ; JEPPESEN, C. ; SZABO, P. ; OBIETA, I. M. ; ARROYO, O. ; TEGENDFELDT, J. O. ; KRISTENSEN, A.: Topas based lab-on-a-chip microsystems fabricated by thermal nanoimprint lithography. In: *J. Vac. Sci. Technol., B* 23 (2005), S. 2944–2949

[81] BALSLEV, S. ; JORGENSEN, A. M. ; BILENBERG, B. ; MOGENSEN, K. B. ; SNA-
KENBORG, D. ; GESCHKE, O. ; KUTTER, J. P. ; KRISTENSEN, A.: Lab-on-a-chip
with integrated optical transducers. In: *Lab Chip* 6 (2006), S. 213–217

[82] DUARTE, F. J. (Hrsg.) ; HILLMAN, L. W. (Hrsg.): *Dye laser principles*. New
York : Academic, 1990

[83] GERSBORG-HANSEN, M. ; KRISTENSEN, A.: Optofluidic third order distributed
feedback dye laser. In: *Appl. Phys. Lett.* 89 (2006), S. 103518

[84] SONG, W. ; VASDEKIS, A. E. ; LI, Z. ; PSALTIS, D.: Optofluidic evanescent dye
laser based on a distributed feedback circular grating. In: *Appl. Phys. Lett.* 94
(2009), S. 161110

[85] SONG, W. ; VASDEKIS, A. E. ; LI, Z. ; PSALTIS, D.: Low-order distributed
feedback optofluidic dye laser with reduced threshold. In: *Appl. Phys. Lett.* 94
(2009), S. 051117

[86] LI, Z. ; ZHANG, Z. ; EMERY, T. ; SCHERER, A. ; PSALTIS, D.: Single mode
optofluidic distributed feedback dye laser. In: *Opt. Express* 14 (2006), S. 696–
701

[87] GERSBORG-HANSEN, M. ; KRISTENSEN, A.: Tunability of optofluidic distributed feedback dye lasers. In: *Opt. Express* 15 (2007), S. 137–142

[88] LI, Z. ; ZHANG, Z. ; SCHERER, A. ; PSALTIS, D.: Mechanically tunable optofluidic distributed feedback dye laser. In: *Opt. Express* 14 (2006), S. 10494–10499

[89] SONG, W. ; PSALTIS, D.: Pneumatically tunable optofluidic dye laser. In: *Appl.
Phys. Lett.* 96 (2010), S. 081101

[90] OZAKI, R. ; SHINPO, T. ; YOSHINO, K. ; OZAKI, M. ; MORITAKE, H.: Tunable
liquid crystal laser using distributed feedback cavity fabricated by nanoimprint
lithography. In: *Appl. Phys. Express* 1 (2008), Nr. 1, S. 012003

[91] NILSSON, D.: *Polymer based miniaturized dye lasers for lab-on-a-chip systems*,
Technical University of Denmark (DTU), MIC - Department of Micro and Nanotechnology, Diss., 2005

[92] LU, M. ; EDEN, J. G. ; CUNNINGHAM, B. T.: Vertically emitting, dye-doped polymer laser in the green (lambda ~536 nm) with a second order distributed feedback grating fabricated by replica molding. In: *Opt. Commun.* 281 (2008), S. 3159–3162

[93] BRØKNER CHRISTIANSEN, M. ; SCHOLER, M. ; KRISTENSEN, A.: Integration of active and passive polymer optics. In: *Opt. Express* 15 (2007), S. 3931–3939

[94] RIECHEL, S.: *Organic semiconductor lasers with two-dimensional distributed feedback*, Ludwig-Maximilians-Universität München, Fakultät für Physik, Diss., 2002

[95] KOZLOV, V. ; BULOVIC, V. ; BURROWS, P. ; BALDO, M. ; KHALFIN, V. ; PARTHASARATHY, G. ; FORREST, S. ; YOU, Y. ; THOMPSON, M.: Study of lasing action based on Förster energy transfer in optically pumped organic semiconductor thin films. In: *J. Appl. Phys.* 84 (1998), Nr. 8, S. 4096–4108

[96] PUNKE, M. ; STROISCH, M. ; WOGGON, T. ; PUTZ, A. ; HEINRICH, M. P. ; GERKEN, M. ; LEMMER, U. ; BRUENDEL, M. ; RABUS, D. G. ; JING, W. ; WEIMANN, T.: Fabrication and characterization of organic solid-state lasers using imprint technologies. In: *LEOS Summer Topical Meetings*, 2007, S. 103–104

[97] WORGULL, M.: *Analyse des Mikro-Heißprägeverfahrens*, Universität Karlsruhe (TH), Institut für Mikrostrukturtechnik, Diss., 2003

[98] HECKELE, M. ; SCHOMBURG, W. K.: Review on micro molding of thermoplastic polymers. In: *J. Micromech. Microeng.* 14 (2004), S. R1–R14

[99] WORGULL, M. ; HÉTU, J. F. ; KABANEMI, K. K. ; HECKELE, M.: Modeling and optimization of the hot embossing process for micro- and nanocomponent fabrication. In: *Microsyst. Technol.* 12 (2006), S. 947–952

[100] WORGULL, M.: *Hot embossing – theory and technology of microreplication.* Oxford: Elsevier, 2009

[101] MENZ, W. ; MOHR, J. ; PAUL, O.: *Mikrosystemtechnik für Ingenieure.* 3. Wiley-VCH, 2005

[102] HIRAI, Y. ; YOSHIDA, S. ; TAKAGI, N.: Defect analysis in thermal nanoimprint lithography. In: *J. Vac. Sci. Technol. B* 21 (2003), Nr. 6, S. 2765–2770

[103] NAKADA, Y. ; NINOMIYA, K. ; TAKAKI, Y.: Fast nanoimprint thermal lithography using a heated high-aspect ratio mold. In: *Jpn. J. Appl. Phys.* 45 (2006), S. L1241–L1243

[104] MAPPES, T. ; WORGULL, M. ; HECKELE, M. ; MOHR, J.: Submicron polymer structures with X ray lithography and hot embossing. In: *Microsyst. Technol.* 14 (2008), S. 1721–1725

[105] GRUND, T.: *Entwicklung von Kunststoff-Mikroventilen im Batch-Verfahren*, Karlsruher Institut für Technologie, Institut für Mikrostrukturtechnik, Diss., 2010

[106] SCHIFT, H.: Nanoimprint lithography: An old story in modern times? A review. In: *J. Vac. Sci. Technol. B* 26 (2008), S. 458–481

[107] VANNAHME, C. ; KLINKHAMMER, S. ; KOLEW, A. ; JAKOBS, P.-J. ; GUTTMANN, M. ; DEHM, S. ; LEMMER, U. ; MAPPES, T.: Integration of organic semiconductor lasers and single-mode passive waveguides into a PMMA substrate. In: *Microelectron. Eng.* 87 (2010), S. 693–695

[108] VANNAHME, C. ; KLINKHAMMER, S. ; BRINKMANN, F. ; LENHERT, S. ; GROSSMANN, T. ; LEMMER, U. ; MAPPES, T.: Highly integrated biophotonics towards all-organic lab-on-chip systems. In: *Proc. SPIE* Bd. 7715, 2010, 77151H

[109] WANG, J. ; WEIMANN, T. ; HINZE, P. ; ADE, G. ; SCHNEIDER, D. ; RABE, T. ; RIEDL, T. ; KOWALSKY, W.: A continuously tunable organic DFB laser. In: *Microelectron. Eng.* 78-79 (2005), S. 364–368

[110] VANNAHME, C. ; BRØKNER CHRISTIANSEN, M. ; MAPPES, T. ; KRISTENSEN, A.: Optofluidic dye laser in a foil. In: *Opt. Express* 18 (2010), S. 9280–9285

[111] VANNAHME, C. ; KLINKHAMMER, S. ; BRØKNER CHRISTIANSEN, M. ; KOLEW, A. ; KRISTENSEN, A. ; LEMMER, U. ; MAPPES, T.: All-polymer organic semiconductor laser chips: Parallel fabrication and encapsulation. In: *Opt. Express* 18 (2010), S. 24881–24887

[112] VANNAHME, C. ; KLINKHAMMER, S. ; LEMMER, U. ; MAPPES, T.: Plastic lab-on-a-chip for fluorescence excitation with integrated organic semiconductor lasers. In: *Opt. Express* 19 (2011), S. 8179–8186

[113] PARK, S. ; SCHIFT, H. ; PADESTE, C. ; SCHNYDER, B. ; KÖTZ, R. ; GOBRECHT, J: Anti-adhesive layers on nickel stamps for nanoimprint lithography. In: *Microelectron. Eng.* 73-74 (2004), S. 196–201

[114] WORGULL, M. ; HECKELE, M. ; SCHOMBURG, W. K.: Large-scale hot embossing. In: *Microsyst. Technol.* 12 (2005), S. 110–115

[115] WANG, Z. ; HAUSS, J. ; VANNAHME, C. ; BOG, U. ; KLINKHAMMER, S. ; ZHAO, D. ; GERKEN, M. ; MAPPES, T. ; LEMMER, U.: Nanograting transfer for light extraction in organic light-emitting devices. In: *Appl. Phys. Lett.* 98 (2011), S. 143105

[116] TOPAS ADVANCED POLYMERS: *Technische Daten, http://www.topas-us.com/tech/data/tempim.htm.* Mai 2011

[117] ABGRALL, P. ; LOW, L.-N. ; NGUYEN, N.-T.: Fabrication of planar nanofluidic channels in a thermoplastic by hot-embossing and thermal bonding. In: *Lab Chip* 7 (2007), S. 520–522

[118] HENZI, P. ; BADE, K. ; RABUS, D. G. ; MOHR, J.: Modification of polymethylmethacrylate by deep ultraviolet radiation and bromination for photonic applications. In: *J. Vac. Sci. Technol., B* 24 (2006), Nr. 4, S. 1755–1761

[119] HOLLENBACH, U. ; BOEHM, H.-J. ; MOHR, J. ; ROSS, L. ; SAMIEC, D.: UV light induced single mode waveguides in polymer for visible range applications. In: *ECIO.* Kopenhagen, 25.-27. April 2007

[120] ICHIHASHI, Y. ; HENZI, P. ; BRUENDEL, M. ; MOHR, J. ; RABUS, D. G.: Polymer waveguides from alicyclic methacrylate copolymer fabricated by deep-UV exposure. In: *Opt. Lett.* 32 (2007), Nr. 4, S. 379–381

[121] GLASHAUSER, W. ; GHICA, G.-V.: *Verfahren für die spannungsfreie Entwicklung von bestrahlten Polymethylmetacrylatschichten. DE3039110.* 16. Oktober 1980

[122] CHEN, H.-Y. ; HIRTZ, M. ; DENG, X. ; LAUE, T. ; FUCHS, H. ; LAHANN, J.: Substrate-independent dip-pen nanolithography based on reactive coatings. In: *J. Am. Chem. Soc.* 132 (2010), Nr. 51, S. 18023–18025

[123] GINGER, D. S. ; ZHANG, H. ; MIRKIN, C. A.: The evolution of dip-pen nanolithography. In: *Angew. Chem. Int. Ed.* 43 (2004), S. 30–45

[124] SALAITA, K. ; WANG, Y. H. ; MIRKIN, C. A.: Applications of dip-pen nanolithography. In: *Nat. Nanotechnol.* 2 (2007), S. 145–155

[125] PINER, R. D. ; ZHU, J. ; XU, F. ; HONG, S. ; MIRKIN, C. A.: „Dip-pen" nanolithography. In: *Science* 283 (1999), S. 661–663

[126] LENHERT, S. ; SUN, P. ; WANG, Y. H. ; FUCHS, H. ; MIRKIN, C. A.: Massively parallel dip-pen nanolithography of heterogeneous supported phospholipid multilayer patterns. In: *Small* 3 (2007), S. 71–75

[127] LENHERT, S. ; BRINKMANN, F. ; WALHEIM, S. ; LAUE, T. ; VANNAHME, C. ; KLINKHAMMER, S. ; SEKULA, S. ; XU, M. ; MAPPES, T. ; SCHIMMEL, T. ; FUCHS, H.: Lipid multilayer gratings. In: *Nat. Nanotechnol.* 5 (2010), S. 275–279

[128] BULOVIĆ, V. ; KOZLOV, V. G. ; KHALFIN, V. B. ; FORREST, S. R.: Transform-limited, narrow-linewidth lasing action in organic semiconductor microcavities. In: *Science* 279 (1998), S. 553–555

[129] RICHARDSON, S. ; GAUDIN, O. P. M. ; TURNBULL, G. A. ; SAMUEL, I. D. W.: Improved operational lifetime of semiconducting polymer lasers by encapsulation. In: *Appl. Phys. Lett.* 91 (2007), S. 261104

[130] PERSANO, L. ; CAMPOSEO, A. ; CARRO, P. D. ; SOLARO, P. ; CINGOLANI, R. ; BOFFI, P. ; PISIGNANO, D.: Rapid prototyping encapsulation for polymer light-emitting lasers. In: *Appl. Phys. Lett.* 94 (2009), S. 123305

[131] NUNES, P. ; OHLSSON, P. ; ORDEIG, O. ; KUTTER, J.: Cyclic olefin polymers: Emerging materials for lab-on-a-chip applications. In: *Microfluid. Nanofluid.* 9 (2010), S. 145–161

[132] HUA, C.-C. ; FU, Y.-J. ; LEE, K.-R. ; RUAAN, R.-C. ; LAI, J.-Y.: Effect of sorption behavior on transport properties of gases in polymeric membranes. In: *Polymer* 50 (2009), S. 5308–5313

[133] ANDREW, T. L. ; SWAGER, T. M.: Reduced photobleaching of conjugated polymer films through small molecule additives. In: *Macromolecules* 41 (2008), S. 8306–8308

[134] LEVICHKOVA, M.: *Influence of the matrix environment on the optical properties of incorporated dye molecules*, Technische Universität Dresden, Institut für Angewandte Photophysik, Diss., 2007

[135] BUTRIMOVICH, O. V. ; VOROPAI, E. S. ; LUGOVSKII, A. P. ; PTASHNIKOV, Y. L. ; SAMTSOV, M. P.: Mechanism of photodegradation of DCM exposed to visible light. In: *Opt. Spectrosc.* 69 (1990), S. 343–345

[136] AZIZ, H. ; POPOVIC, Z. D. ; HU, N.-X. ; HOR, A.-M. ; XU, G.: Degradation mechanism of small molecule-based organic light-emitting devices. In: *Science* 283 (1999), S. 1900–1902

[137] TURNBULL, G. A. ; CARLETON, A. ; BARLOW, G. F. ; TAHRAOUHI, A. ; KRAUSS, T. F. ; SHORE, K. A. ; SAMUEL, I. D. W.: Influence of grating characteristics on the operation of circular-grating distributed-feedback polymer lasers. In: *J. Appl. Phys.* 98 (2005), S. 023105

[138] BEIERLEIN, T. A. ; RUHSTALLER, B. ; GUNDLACH, D. J. ; RIEL, H. ; KARG, S. ; ROST, C. ; RIESS, W.: Investigation of internal processes in organic light-emitting devices using thin sensing layers. In: *Synth. Met.* 138 (2003), Nr. 1–2, S. 213–221

[139] KOZLOV, V. G. ; BULOVIĆ, V. ; FORREST, S. R.: Temperature independent performance of organic semiconductor lasers. In: *Appl. Phys. Lett.* 71 (1997), S. 2575–2577

[140] ARBELOA, F. L. ; OJEDA, P. R. ; ARBELOA, I. L.: The fluorescence quenching mechanisms of Rhodamine 6G in concentrated ethanolic solution. In: *J. Photochem. Photobiol., A* 45 (1988), Nr. 3, S. 313 – 323

[141] FRANCESCONI, R. ; BIGI, A. ; COMELLI, F.: Enthalpies of mixing, densities, and refractive indices for binary mixtures of (anisole or phenetole) + three aryl alcohols at 308.15 K and at atmospheric pressure. In: *J. Chem. Eng. Data* 50 (2005), S. 1404

[142] BEEBE, D. J. ; MENSING, G. A. ; WALKER, G. M.: Physics and applications of microfluidics in biology. In: *Annu. Rev. Biomed. Eng.* 4 (2002), S. 261–286

[143] MAPPES, T. ; VANNAHME, C. ; SCHELB, M. ; LEMMER, U. ; MOHR, J.: Design for optimized coupling of organic semiconductor laser light into polymer waveguides for highly integrated biophotonic sensors. In: *Microelectron. Eng.* 86 (2009), Nr. 6, S. 1499–1501

[144] DITTRICH, P. S. ; TACHIKAWA, K. ; MANZ, A.: Micro total analysis systems. Latest advancements and trends. In: *Anal. Chem.* 78 (2006), S. 3887–3908

[145] MYERS, F. B. ; LEE, L. P.: Innovations in optical microfluidic technologies for point-of-care diagnostics. In: *Lab Chip* 8 (2008), S. 2015–2031

[146] MOGENSEN, K. B. ; KUTTER, J. P.: Optical detection in microfluidic systems. In: *Electrophoresis* 30 (2009), S. 92–100

[147] KUSWANDI, B. ; NURIMAN ; HUSKENS, J. ; VERBOOM, W.: Optical sensing systems for microfluidic devices: A review. In: *Anal. Chim. Acta* 601 (2007), S. 141–155

[148] PAGLIARA, S. ; CAMPOSEO, A. ; POLINI, A. ; CINGOLANI, R. ; PISIGNANO, D.: Electrospun light-emitting nanofibers as excitation source in microfluidic devices. In: *Lab Chip* 9 (2009), S. 2851–2856

[149] RAMUZ, M. ; BURGI, L. ; STANLEY, R. ; WINNEWISSER, C.: Coupling light from an organic light emitting diode (OLED) into a single-mode waveguide: Toward monolithically integrated optical sensors. In: *J. Appl. Phys.* 105 (2009), Nr. 8, S. 084508

[150] VENGASANDRA, S. ; CAI, Y. ; GREWELL, D. ; SHINAR, J. ; SHINAR, R.: Polypropylene CD-organic light-emitting diode biosensing platform. In: *Lab Chip* 10 (2010), S. 1051–1056

[151] ZHU, H. ; YAGLIDERE, O. ; SU, T.-W. ; TSENG, D. ; OZCAN, A.: Cost-effective and compact wide-field fluorescent imaging on a cell-phone. In: *Lab Chip* 11 (2011), S. 315–322

[152] GANESH, N. ; BLOCK, I. D. ; MATHIAS, P. C. ; ZHANG, W. ; CHOW, E. ; MALYARCHUK, V. ; CUNNINGHAM, B. T.: Leaky-mode assisted fluorescence extraction: Application to fluorescence enhancement biosensors. In: *Opt. Express* 16 (2008), S. 21626–21640

[153] SCHELB, M. ; VANNAHME, C. ; WELLE, A. ; LENHERT, S. ; ROSS, B. ; MAPPES, T.: Fluorescence excitation on monolithically integrated all-polymer chips. In: *J. Biomed. Opt.* 15 (2010), Nr. 4, S. 041517

[154] MAPPES, T. ; LENHERT, S. ; KASSEL, O. ; VANNAHME, C. ; SCHELB, M. ; MOHR, J.: An all polymer optofluidic chip with integrated waveguides for biophotonics. In: *Digest of the IEEE/LEOS Summer Topical Meetings*, 2008, S. 215–216

[155] SEGER, R. A. ; RABUS, D. G. ; ICHIHASHI, Y. ; BRUENDEL, M. ; ISAACSON, M.: Evanescent field excitation of fluophores in cultured neural networks by integrated polymer waveguides. In: *IEEE J. Select. Topics Quantum Electron.* 16 (2010), S. 954–960

[156] VANNAHME, C. ; MAPPES, T. ; SCHELB, M.: *Optisches Element und Verfahren zu seiner Herstellung. DE102008038993A1, EP000002154760A2, US020100040324A1*. 13. August 2008

[157] AHN, S. H. ; GUO, L. J.: High-speed roll-to-roll nanoimprint lithography on flexible plastic substrates. In: *Adv. Mater.* 20 (2008), S. 2044–2049

[158] VIG, A. L. ; MÄKELÄ, T. ; MAJANDER, P. ; LAMBERTINI, V. ; AHOPELTO, J. ; KRISTENSEN, A.: Roll-to-roll fabricated lab-on-a-chip devices. In: *J. Micromech. Microeng.* 21 (2011), Nr. 3, S. 035006

[159] RUZZU, A. ; MATTHIS, B.: Swelling of PMMA-structures in aqueous solutions and room temperature Ni-electroforming. In: *Microsyst. Technol.* 8 (2002), S. 116–119

[160] KLINKHAMMER, S. ; GROSSMANN, T. ; LÜLL, K. ; HAUSER, M. ; VANNAHME, C. ; MAPPES, T. ; KALT, H. ; LEMMER, U.: Diode-pumped organic semiconductor microcone laser. In: *IEEE Phot. Technol. Lett.* 23 (2011), Nr. 8, S. 489–491

[161] GROSSMANN, T. ; KLINKHAMMER, S. ; HAUSER, M. ; FLOESS, D. ; BECK, T. ; VANNAHME, C. ; MAPPES, T. ; LEMMER, U. ; KALT, H.: Strongly confined, low-threshold laser modes in organic semiconductor microgoblets. In: *Opt. Express* 19 (2011), S. 10009–10016

[162] KLINKHAMMER, S. ; HEUSSNER, N. ; HUSKA, K. ; BOCKSROCKER, T. ; GEISL-HÖRINGER, F. ; VANNAHME, C. ; MAPPES, T. ; LEMMER, U.: Voltage-controlled continuous tuning of organic semiconductor distributed feedback laser with liquid crystal cladding. In: *Appl. Phys. Lett.* 99 (2011), S. 023307

[163] GERSBORG-HANSEN, M. ; BALSLEV, S. ; MORTENSEN, N. A. ; KRISTENSEN, A.: Bleaching and diffusion dynamics in optofluidic dye lasers. In: *Appl. Phys. Lett.* 90 (2007), S. 143501

[164] GROSSMANN, T. ; HAUSER, M. ; VANNAHME, C. ; MAPPES, T. ; BECK, T. ; KALT, H.: *Mikrooptisches Bauelement und Verfahren zu seiner Herstellung. EP09010782A2, US020110044581A1.* 22. August 2009

[165] GROSSMANN, T. ; HAUSER, M. ; BECK, T. ; GOHN-KREUZ, C. ; KARL, M. ; KALT, H. ; VANNAHME, C. ; MAPPES, T.: High-Q conical polymeric microcavities. In: *Appl. Phys. Lett.* 96 (2010), S. 013303

[166] GROSSMANN, T. ; SCHLEEDE, S. ; HAUSER, M. ; BRØKNER CHRISTIANSEN, M. ; VANNAHME, C. ; ESCHENBAUM, C. ; KLINKHAMMER, S. ; BECK, T. ;

FUCHS, J. ; NIENHAUS, G. U. ; LEMMER, U. ; KRISTENSEN, A. ; MAPPES, T. ; KALT, H.: Low-threshold conical microcavity dye lasers. In: *Appl. Phys. Lett.* 97 (2010), S. 063304

[167] SCHELB, M. ; VANNAHME, C. ; KOLEW, A. ; MAPPES, T.: Hot embossing of photonic crystal polymer structures with a high aspect ratio. In: *J. Micromech. Microeng.* 21 (2011), Nr. 2, S. 025017

Abkürzungen und Symbole

Abkürzung	Beschreibung
AFM	englisch: *atomic force microscope*
Alq$_3$	Aluminium-tris(8-hydroxychinolin)
BPM	englisch: *beam propagation method*
CCD	englisch: *charge coupled device*
COC	Cyclo-Olefin-Copolymer
CVD	englisch: *chemical vapor deposition*
DCM	4-(Dicyanomethyl)-2-methyl-6-(4-dimethylaminostyryl)-4-H-pyran
DFB	englisch: *distributed feedback*
DOPC	1,2-Dioleoyl-sn-glycero-3-phosphocholin
DPN	„Dip-Pen Nanolithography"
DTU	Dänemarks Technische Universität
DUV	englisch: *deep ultraviolet*
FDTS	Perfluorodecyltrichlorosilan
HOMO	englisch: *highest occupied molecular orbital*
IMT	Institut für Mikrostrukturtechnik
IPA	Isopropanol
KIT	Karlsruher Institut für Technologie
KOH	Kaliumhydroxid
LED	englisch: *light emitting diode*
LIGA	Lithografie, Galvanik, Abformung
LTI	Lichttechnisches Institut
LUMO	englisch: *lowest unoccupied molecular orbital*
MIBK	Methylisobutylketon
ND	englisch: *neutral density*
Nd:YAG	Neodym-dotiertes Yttrium-Aluminium-Granat
Nd:YLF	Neodym-dotiertes Yttrium-Lithium-Fluorid
OLED	englisch: *organic light emitting diode*

Abkürzung	Beschreibung
PDMS	Polydimethylsiloxan
PMMA	Polymethylmethacrylat
QTE	quasi transversal elektrisch
QTM	quasi transversal magnetisch
REM	Rasterelektronenmikroskop
TE	transversal elektrisch
TM	transversal magnetisch
UV	Ultraviolett
Cy3	Fluoreszenzfarbstoff Cyanin III

Symbol	Beschreibung	Einheit
a	Gittertiefe im DFB-Gitter	m
b	Gitterlinienbreite	m
A, B	Feldamplituden der vorwärts und rückwärts laufenden Fundamentalmoden	
c	Lichtgeschwindigkeit im Vakuum	$2,997 \cdot 10^8 \; m/s$
C	Normierungskonstante	
d	Filmschichtdicke	m
d_c	Wellenleiter-*Cutoff*-Dicke	m
d_e	Eindringtiefe des exponentiellen Brechungsindexprofils	m
d_g	Gitterlinienhöhe	m
d_t	Einsinktiefe UV induzierter Wellenleiter	m
$E_{x,y,z}$	x-, y-, z-Komponente des elektrischen Feldes	V/m
E_i, E_r	Amplituden des einfallenden und reflektierten elektrischen Feldes	
$H_{x,y,z}$	x-, y-, z-Komponente des magnetischen Feldes	V/m
I	Intensität	W/m^2
I_{abs}	absorbierte Intensität	W/m^2
k	Ausbreitungskonstante	1/m
k'	mittlere Phasenvariation in z-Richtung	1/m
l	Bragg-Ordnung	
L	Gitterlänge	m
m_l	Ordnung der Oszillationsbedingung eines DFB Lasers	
m	Ordnung der Wellenleitermoden	
n	Brechungsindex	
n_{eff}	Effektiver Brechungsindex	

Symbol	Beschreibung	Einheit
n_s, n_f, n_c	Brechungsindex von Substrat, Kernschicht und Deckschicht eines Wellenleiters	
p	Druck	Pa
p_s, p_f, p_c	Extinktionskoeffizient von Substrat, Kernschicht und Deckschicht eines Wellenleiters	$1/m$
r, $r_{1,2}$	Reflexionskoeffizienten	
S_0, S_1	Singulettzustände	
t	Zeit	s
T	Temperatur	$°C$
T_0, T_1	Triplettzustände	
T_g	Glasübergangstemperatur	$°C$
u, U	Hilfsfunktionen	
w	Belichtungsdosis	J/m^2
x, y, z	Raumkoordinaten	m
α	Absorptionskoeffizient	$1/m$
β	Ausbreitungskonstante	$1/m$
γ	Verstärkungskoeffizient	$1/m$
Δn	Brechungsindexänderung an der Oberfläche	
ε	Permittivität	F/m
η	Leistungskoppeleffizienz	
κ	Koppelkonstante	$1/m$
λ	Wellenlänge	m
λ_{Bragg}	Bragg-Wellenlänge	m
Λ	Gitterperiode	m
ν	Frequenz	$1/s$
ω	Kreisfrequenz	rad/s
ω_{Bragg}	Bragg-Kreisfrequenz	rad/s
Φ_m	Auskoppelwinkel zur Substratnormalen der m-ten Mode	rad
$\vec{E}$	Vektor des elektrischen Feldes	V/m
$\vec{H}$	Vektor des magnetischen Feldes	V/m
$\vec{r}$	Ortsvektor	m

Danksagung

Diese Arbeit entstand am Institut für Mikrostrukturtechnik (IMT) und am Lichttechnischen Institut (LTI) des Karlsruher Instituts für Technologie (KIT), zusätzlich wurden die Arbeiten zu optofluidischen Lasern an Dänemarks Technischer Universität (DTU) durchgeführt. Ihre Entstehung wäre ohne die Unterstützung meiner Kolleginnen und Kollegen so nicht möglich gewesen. Dafür möchte ich mich im Folgenden herzlich bedanken.

- Ich danke meinem Doktorvater Prof. Dr. Volker Saile für die uneingeschränkte Förderung meiner Arbeit und seine große Unterstützung aller Doktoranden am IMT.

- Prof. Dr. Uli Lemmer sehe ich ebenfalls als meinen Doktorvater. Ich danke ihm für seine hervorragende, insbesondere fachliche, Unterstützung, seine vielseitige weitere Hilfe und für die Übernahme des Korreferats.

- Prof. Dr. Anders Kristensen danke ich ebenfalls für die Übernahme des Korreferats. Unsere Zusammenarbeit während meines Aufenthalts in Dänemark war für mich eine sehr große Bereicherung.

- Ich danke Dr. Timo Mappes für die Aufnahme in seine Nachwuchsgruppe sowie für seine, mit immensem Einsatz verbundene, Unterstützung und Beteiligung an dieser Arbeit. Besonders möchte ich ihm für das große Vertrauen danken, das er immer wieder in mich gesetzt hat.

- Ich bedanke mich bei Sönke Klinkhammer, mit dem ich mich hervorragend ergänzt habe und der vielseitigen und großen Anteil am Gelingen dieser Arbeit hat.

- Dr. Mads Brøkner Christiansen danke ich für die spannende gemeinsame Arbeit an den optofluidischen Lasern an der DTU und all die Dinge, die ich von ihm lernen durfte.

- Des Weiteren möchte ich noch speziell Mauno Schelb sowie Tobias Großmann, Alexander Kolew, Thomas Woggon und Uwe Bog für ihre Hilfe danken.

- Stellvertretend für die Unterstützung der Mitarbeiter der Abteilungen Optik & Photonik, Replikation, Funktionale Schichten und Mikrofertigung am IMT danke ich Dr. Jürgen Mohr, Dr. Matthias Worgull, Dr. Manfred Kohl und Dr. Dieter Maas. Ich danke Dr. Steven Lenhert und Falko Brinkmann für die gute Zusammenarbeit im Bereich der „Dip-Pen Nanolithography". Für die Nutzung der Anlage zum reaktiven Ionen-Ätzen danke ich Dr. Ralph Krupke und Simone Dehm. Für vielfältige Hilfe auf technologischer Seite bedanke ich mich bei Klaus Huska und Dr. Ulf Geyer. Dr. Asger Laurberg Vig und Dr. Bastian Rapp danke ich für ihre Hilfe bei den Arbeiten an den optofluidischen Lasern. Ich danke Johannes Barth für seine Hilfe bei den Aufnahmen der Gitterkoppler. Prof. Dr. Heinz Kalt und den Mitgliedern seiner Arbeitsgruppe danke ich für die sehr gute Zusammenarbeit auf dem Gebiet der Mikro-Resonatoren. Danke an Dr. Irina Nazarenko für ihre aufschlussreiche Beratung aus der Sicht einer Biologin.

- Danke an die vielen Mitarbeiter des IMT, des LTI und von DTU Nanotech und DTU Danchip, die mich unterstützt haben. Ein spezieller Dank gilt in diesem Zusammenhang allen Doktoranden des IMT und LTI und den Mitgliedern der Gruppe Optofluidics an der DTU. Ich danke auch allen Mitgliedern der Gruppe von Dr. Timo Mappes für die gute Zusammenarbeit.

- Vielen Dank an meine Studenten Felix Breithaupt, nochmals Tobias Großmann, Florian Mauch, Aravinthan Palanisamy Rasappagoundar, Faisal Ur Rehman und Benjamin Ross.

- Ich danke dem Karlsruhe House of Young Scientists (KHYS) für die Ermöglichung meines Auslandsaufenthalts an der DTU. Der Karlsruhe School of Optics and Photonics (KSOP) danke ich für die Aufnahme als Kollegiat, die interessanten Unternehmungen und Fortbildungen und die finanzielle Unterstützung.

- Ich bedanke mich herzlich bei Christina, meiner Familie und meinen Freunden (insbesondere vom CVJM Sylbach und TSV Grünwinkel) für ihren Rückhalt und ihr Verständnis.

Publikationsliste

Referierte Artikel in internationalen Zeitschriften

- KLINKHAMMER, S. ; HEUSSNER, N. ; HUSKA, K. ; BOCKSROCKER, T. ; GEISL-HÖRINGER, F. ; VANNAHME, C. ; MAPPES, T. ; LEMMER, U.: Voltage-controlled continuous tuning of organic semiconductor distributed feedback laser with liquid crystal cladding. In: *Appl. Phys. Lett.* 99 (2011), S. 023307

- GROSSMANN, T. ; KLINKHAMMER, S. ; HAUSER, M. ; FLOESS, D. ; BECK, T. ; VANNAHME, C. ; MAPPES, T. ; LEMMER, U. ; KALT, H.: Strongly confined, low-threshold laser modes in organic semiconductor microgoblets. In: *Opt. Express* 19 (2011), S. 10009–10016

- VANNAHME, C. ; KLINKHAMMER, S. ; LEMMER, U. ; MAPPES, T.: Plastic lab-on-a-chip for fluorescence excitation with integrated organic semiconductor lasers. In: *Opt. Express* 19 (2011), S. 8179–8186 (aufgenommen in: *Virtual Journal for Biomedical Optics* 6 (2011))

- WANG, Z. ; HAUSS, J. ; VANNAHME, C. ; BOG, U. ; KLINKHAMMER, S. ; ZHAO, D. ; GERKEN, M. ; MAPPES, T. ; LEMMER, U.: Nanograting transfer for light extraction in organic light-emitting devices. In: *Appl. Phys. Lett.* 98 (2011), S. 143105

- KLINKHAMMER, S. ; GROSSMANN, T. ; LÜLL, K. ; HAUSER, M. ; VANNAHME, C. ; MAPPES, T. ; KALT, H. ; LEMMER, U.: Diode-pumped organic semiconductor microcone laser. In: *IEEE Phot. Technol. Lett.* 23 (2011), S. 489–491

- SCHELB, M. ; VANNAHME, C. ; KOLEW, A. ; MAPPES, T.: Hot embossing of photonic crystal polymer structures with a high aspect ratio. In: *J. Micromech. Microeng.* 21 (2011), S. 025017

- VANNAHME, C. ; KLINKHAMMER, S. ; BRØKNER CHRISTIANSEN, M. ; KOLEW, A. ; KRISTENSEN, A. ; LEMMER, U. ; MAPPES, T.: All-polymer organic semiconductor laser chips: Parallel fabrication and encapsulation. In: *Opt. Express* 18 (2010), S. 24881–24887

- GROSSMANN, T. ; SCHLEEDE, S. ; HAUSER, M. ; BRØKNER CHRISTIANSEN, M. ; VANNAHME, C. ; ESCHENBAUM, C. ; KLINKHAMMER, S. ; BECK, T. ; FUCHS, J. ; NIENHAUS, G. U. ; LEMMER, U. ; KRISTENSEN, A. ; MAPPES, T. ; KALT, H.: Low-threshold conical microcavity dye lasers. In: *Appl. Phys. Lett.* 97 (2010), S. 063304

- SCHELB, M. ; VANNAHME, C. ; WELLE, A. ; LENHERT, S. ; ROSS, B. ; MAPPES, T.: Fluorescence excitation on monolithically integrated all polymer chips. In: *J. Biomed. Opt.* 15 (2010), S. 041517

- VANNAHME, C. ; BRØKNER CHRISTIANSEN, M. ; MAPPES, T. ; KRISTENSEN, A.: Optofluidic dye laser in a foil. In: *Opt. Express* 18 (2010), S. 9280–9285 (aufgenommen in: *Virtual Journal for Biomedical Optics* 5 (2010))

- LENHERT, S. ; BRINKMANN, F. ; WALHEIM, S. ; LAUE, T. ; VANNAHME, C. ; KLINKHAMMER, S. ; SEKULA, S. ; XU, M. ; MAPPES, T. ; SCHIMMEL, T. ; FUCHS, H.: Lipid multilayer gratings. In: *Nat. Nanotechnol.* 5 (2010), S. 275–279

- GROSSMANN, T. ; HAUSER, M. ; BECK, T. ; GOHN-KREUZ, C. ; KARL, M. ; KALT, H. ; VANNAHME, C. ; MAPPES, T. : High-Q conical polymeric microcavities. In: *Appl. Phys. Lett.* 96 (2010), S. 013303

- VANNAHME, C. ; KLINKHAMMER, S. ; KOLEW, A. ; JAKOBS, P.-J. ; GUTTMANN, M. ; DEHM, S. ; LEMMER, U. ; MAPPES, T.: Integration of organic semiconductor lasers and single-mode passive waveguides into a PMMA substrate. In: *Microelectron. Eng.* 87 (2010), S. 693–695

- KLINKHAMMER, S. ; WOGGON, T. ; GEYER, U. ; VANNAHME, C. ; MAPPES, T. ; DEHM, S. ; LEMMER, U.: A continuously tunable low-threshold organic semiconductor distributed feedback laser fabricated by rotating shadow mask evaporation. In: *Appl. Phys. B* 97 (2009), S. 787–791

- MAPPES, T. ; VANNAHME, C. ; SCHELB, M. ; LEMMER, U. ; MOHR, J.: Design for optimized coupling of organic semiconductor laser light into polymer waveguides for highly integrated bio-photonic sensors. In: *Microelectron. Eng.* 86 (2009), S. 1499–1501

Artikel in SPIE-Konferenzbänden

- GROSSMANN, T. ; SCHLEEDE, S. ; HAUSER, M. ; BRØKNER CHRISTIANSEN, M. ; VANNAHME, C. ; ESCHENBAUM, C. ; KLINKHAMMER, S. ; BECK, T. ; FUCHS, J. ; NIENHAUS, G. U. ; LEMMER, U. ; KRISTENSEN, A. ; MAPPES, T. ; KALT, H.: Lasing in dye-doped high-Q conical polymeric microcavities. In: *Proc. SPIE* 7913 (2011), S. 79130Y

- BECK, T. ; HAUSER, M. ; GROSSMANN, T. ; SCHLEEDE, S. ; FISCHER, J. ; KALT, H. ; VANNAHME, C. ; MAPPES, T.: PMMA-micro goblet resonators for biosensing applications. In: *Proc. SPIE* 7888 (2011), S. 78880A

- VANNAHME, C. ; KLINKHAMMER, S. ; BRINKMANN, F. ; LENHERT, S. ; GROSSMANN, T. ; LEMMER, U. ; MAPPES, T.: Highly integrated biophotonics towards all-organic lab-on-chip systems. In: *Proc. SPIE* 7715 (2010), S. 77151H

- KLINKHAMMER, S. ; WOGGON, T. ; VANNAHME, C. ; MAPPES, T. ; LEMMER, U.: Optical spectroscopy with organic semiconductor lasers. In: *Proc. SPIE* 7722 (2010), S. 77221I

- MAPPES, T. ; VANNAHME, C. ; KLINKHAMMER, S. ; BOG, U. ; SCHELB, M. ; GROSSMANN, T. ; MOHR, J. ; KALT, H. ; LEMMER, U.: Integrated photonic lab-on-chip systems for biomedical applications. In: *Proc. SPIE* 7716 (2010), S. 77160R

- MAPPES, T. ; SCHELB, M. ; VANNAHME, C. ; LENHERT, S. ; ROSS, B. ; WELLE, A.: Biophotonic fluorescence excitation with integrated polymer waveguides. In: *Proc. SPIE* 7716 (2010), S. 77162A

- HAUSER, M. ; GROSSMANN, T. ; SCHLEEDE, S. ; FISCHER, J. ; BECK, T. ; KALT, H. ; VANNAHME, C. ; MAPPES, T.: Fabrication and characterization of high-Q conical polymeric microcavities. In: *Proc. SPIE* 7716 (2010), S. 77161Z

- MAPPES, T. ; VANNAHME, C. ; KLINKHAMMER, S. ; WOGGON, T. ; SCHELB, M. ; LENHERT, S. ; MOHR, J. ; LEMMER, U.: Polymer biophotonic lab-on-chip devices with integrated organic semiconductor lasers. In: *Proc. SPIE* 7418 (2009), S. 74180A

Buchkapitel

- WOGGON, T. ; PUNKE, M. ; STROISCH, M. ; BRÜNDEL, M. ; SCHELB, M. ; VANNAHME, C. ; MAPPES, T. ; MOHR, J. ; LEMMER, U.: Organic semiconductor lasers as integrated light sources for optical sensors. In: SHINAR, J. (Hrsg.) ; SHINAR, R. (Hrsg.): *McGraw-Hill volume on Organic Electronics in Sensors and Biotechnology*, New York: McGraw-Hill, 2009, S. 265–298

Patente

- VANNAHME, C. ; MAPPES, T. ; SCHELB, M.: Optisches Element und Verfahren zu seiner Herstellung. *Deutsches Patent, europäische und US-amerikanische Patentanmeldung* (13. August 2008), DE102008038993A1, EP000002154760A2, US020100040324A1

- GROSSMANN, T. ; HAUSER, M. ; VANNAHME, C. ; MAPPES, T. ; BECK, T. ; KALT, H.: Mikrooptisches Bauelement und Verfahren zu seiner Herstellung. *Europäische und US-amerikanische Patentanmeldung* (22. August 2009), EP0901-0782A2, US020110044581A1

Beiträge auf internationalen Konferenzen (nur persönlich präsentiert)

- VANNAHME, C. ; BRØKNER CHRISTIANSEN, M. ; MAPPES, T. ; KRISTENSEN, A.: High output pulse energy foil-based optofluidic dye lasers. In: *1st EOS Conference on Optofluidics*. München, 23.–25. Mai 2011 (Vortrag)

- VANNAHME, C. ; KLINKHAMMER, S. ; LEMMER, U. ; MAPPES, T.: Integration of organic semiconductor lasers and waveguides into PMMA based microfluidic lab-on-a-chip systems. In: *CLEO Europe*. München, 22.–26. Mai 2011 (Vortrag)

- VANNAHME, C. ; KLINKHAMMER, S. ; BRØKNER CHRISTIANSEN, M. ; BRINKMANN, F. ; LENHERT, S. ; KRISTENSEN, A. ; LEMMER, U. ; MAPPES, T.: Organic lasers for plastic lab-on-a-chip systems. In: *Winter School of Organic Electronics*. Heidelberg, 9.–12. Dezember 2010 (Vortrag)

- VANNAHME, C. ; KLINKHAMMER, S. ; BRINKMANN, F. ; LENHERT, S. ; GROSS-MANN, T. ; LEMMER, U. ; MAPPES, T.: Highly integrated biophotonics towards all-organic lab-on-chip systems. In: *SPIE Photonics Europe*. Brüssel, 12.–16. April 2010 (Vortrag)

- VANNAHME, C. ; KLINKHAMMER, S. ; KOLEW, A. ; WOGGON, T. ; MAPPES, T. ; LEMMER, U. ; MOHR, J.: Hot embossing of micro- and nanostructures for the integration of organic semiconductor lasers and deep UV induced waveguides towards a lab-on-chip system. In: *MNE*. Ghent, 28. September – 1. Oktober 2009 (Poster)

- VANNAHME, C. ; KLINKHAMMER, S. ; SCHELB, M. ; BOG, U. ; MAPPES: Microfluidic lab-on-chip made of PMMA with integrated organic lasers and waveguides for biophotonic applications. In: *COMS*. Kopenhagen, 30. August – 4. September 2009 (Vortrag)